走近新科学

电 子

主　编：于今昌
撰　稿：于　洋　岳　玲
　　　　王明强　高　天
　　　　叶　航

吉林出版集团股份有限公司
全国百佳图书出版单位

图书在版编目(CIP)数据

电子 / 于今昌主编. -- 2 版. -- 长春：吉林出版集团股份有限公司, 2011.7 (2024.4 重印)

ISBN 978-7-5463-5748-5

Ⅰ.①电… Ⅱ.①于… Ⅲ.①电子技术-青年读物②电子技术-少年读物 Ⅳ.①TN-49

中国版本图书馆 CIP 数据核字(2011)第 136911 号

电子 Dianzi

主　　编	于今昌	
策　　划	曹　恒	
责任编辑	息　望	
出版发行	吉林出版集团股份有限公司	
印　　刷	三河市金兆印刷装订有限公司	
版　　次	2011 年 12 月第 2 版	
印　　次	2024 年 4 月第 7 次印刷	
开　　本	889mm×1230mm 1/16　印张 9.5　字数 100 千	
书　　号	ISBN 978-7-5463-5748-5	定价 45.00 元
公司地址	吉林省长春市福祉大路 5788 号　邮编 130000	
电　　话	0431-81629968	
电子邮箱	11915286@qq.com	

编者的话

科学是没有止境的，学习科学知识的道路更是没有止境的。作为出版者,把精美的精神食粮奉献给广大读者是我们的责任与义务。

吉林出版集团股份有限公司推出的这套《走进新科学》丛书,共十二本,内容广泛。包括宇宙、航天、地球、海洋、生命、生物工程、交通、能源、自然资源、环境、电子、计算机等多个学科。该丛书是由各个学科的专家、学者和科普作家合力编撰的,他们在总结前人经验的基础上,对各学科知识进行了严格的、系统的分类,再从数以千万计的资料中选择新的、科学的、准确的诠释,用简明易懂、生动有趣的语言表述出来,并配上读者喜闻乐见的卡通漫画,从一个全新的角度解读,使读者从中体会到获得知识的乐趣。

人类在不断地进步,科学在迅猛地发展,未来的社会更是一个知识的社会。一个自主自强的民族是和先进的科学技术分不开的,在读者中普及科学知识,并把它运用到实践中去,以我们不懈的努力造就一批杰出的科技人才,奉献于国家、奉献于社会,这是我们追求的目标,也是我们努力工作的动力。

在此感谢参与编撰这套丛书的专家、学者和科普作家。同时,希望更多的专家、学者、科普作家和广大读者对此套丛书提出宝贵的意见,以便再版时加以修改。

目 录

无 线 电

　　无线电学是从物理学中分离出来的。1873 年,英国科学家麦克斯韦总结了前人对电和磁的实验成果,提出了电磁波动的理论。他用数学证明:在导体中来回振荡的交流电流可以朝空间辐射出电磁波,而这些波会以光的速度(每秒 30 万千米)向外传播。15 年后,德国物理学家亨利希·赫兹在实验室内发现了电磁波。

　　俄国物理学家波波夫看到了利用电磁波来通信的可能性,进行了不用导线而用在空中传播的电磁波来实现远距离通信的试验。1895 年 5 月 7 日,俄国物理化学协会在彼得堡举行年会,波波夫带着他亲手制作的仪器来到了会场。在会上他作了《关于金属、粉屑对于电振荡的关系》的报告,同时,用"金属、粉屑检波器"表演了怎样收到来自大厅一角的无线电波,并预言:"我的仪器再进一步改进后,就可能使用更高频率的电振荡,在远距离间传递信号。"第二年 3 月 4 日,他在距离 250 米的两个大楼之间表演了无线电通信。于是无线电诞生了。

　　从这以后,无线电逐步发展成为一个庞大的学科,它的应用范围也迅速地扩展到通信以外。电磁波的范围是很广泛的,我们称那些在无线电技术中被采用的电磁波为无线电波。研究各种波长的无线电波的特性的应用,研究制作各种各样无线电设备的理论和技术,都属于无线电学的范畴。

电 子 学

在无线电发明以后不到 10 年，利用真空中的运动来工作的真空管(也叫电子管)便被应用到无线电设备中。应用电子管不仅大大改善了无线电设备的性能和效率，而且使无线电技术更便利地运用于其他科学技术领域，从而大大促进了无线电的迅速发展。另一方面，无线电的发展也对电子管的设计和制作提出了新的要求。今天，无线电设备中除了应用一般电子管之外，还利用其他具有各种各样原理和功能的电子管，它们被总称为电子器件。研究电子器件的制作原理和技术的科学称为"电子学"；有时，把研究电子器件连同它们的应用技术总称为"电子学"。

无线电和电子学这两个学科，又合称为无线电电子学。

无论从哪一个角度来看，都可以认为无线电电子学是当今发展最快的学科之一。

原子能的应用、宇宙飞行的实现和自动化的发展，在很大程度上是依靠无线电电子学的技术。事实上无线电电子学和这些科技成果一样，也代表着我们时代科学发展的前锋和尖端。所以，有的科学家把我们的时代称为"电子时代"。

无线电的应用

无线电最早的应用是电报——无线电报，然后是通话——无线电话和语言广播，再进一步是利用无线电波传送图片——无线电传真以及播送人物形象——电视。这些技术在今天仍然在不断地改进和发展着。

第二次世界大战前夕发展起来的无线电测位技术(雷达)，是利用无线电波探测飞机、舰艇等远处物体。今天这一技术已成为国防上不可缺少的设备。第二次世界大战末期，发明了电子计算机，使人们得以利用电子学的方法进行复杂问题的快速计算。较早已有萌芽而在战后发展起来的射电天文望远镜，是利用无线电技术来探测和研究遥远的天体的有力工具。无线电电子学在原子能利用和研究、工业自动化、生物学、医学和宇宙航行等各个方面，都起了重要的作用。许多无线电电子学的重要创造和发明，都可以说是 20 世纪中较为重大的科学成就。近年来，这一学科中的新创造和新发明都正以更快的速度增长着。今天，无线电电子学已经应用到宇宙航行方面。无线电使宇宙火箭、人造卫星、宇宙飞船、空间轨道站、航天飞机在整个飞行进程中都能和地面顺利地联络，传送各种信号。在飞行中和地面互相通话的距离，高达几万千米。

随着集成电路和电子计算机的发展，无线电通信，包括电报、电话、电视、传真等，无疑地将发展到更大的规模。

微电子学

从广义来说,微电子学是研究如何利用固体内部的微观特性和一些特殊工艺,在固体的一个极微小的结构内,采用各种电子效应的元件技术,制成具有一种或多种功能的完整电路或部件的一门分支学科。

微电子学研究的对象尺寸小、重量轻、可靠性高、成本低,而且使电子系统的功能大大提高。因此,微电子学的发展既促进了电子技术水平的提高,又推动了电子技术在国民经济各方面的普及应用。

当前,微电子学正沿着两条道路发展:一是沿着大规模集成电路、超大规模集成电路技术进一步发展,从而得到集成度越来越高的元件;二是这些电路连同新的外围部件在更广泛的范围内的应用。微处理机就是大规模集成电路发展的产物,它在微电子学领域中占有重要地位。

随着微电子器件价格的下降和性能的提高,它们正在变成许多人每天生活中的一个组成部分。如文字处理机、数字手表、机器人、光学扫描现金出纳机等产品现在都已出现在办公室、商店、学校、工厂以及家庭中。

据认为,微处理机对社会的影响可能同电灯、汽车的影响一样,甚至更大。微处理机与机器系统紧密结合将在更高的层次上代替人的体力和脑力劳动,从而极大地提高劳动生产率。

电子器件微型化

　　电子器件为了缩小体积,减轻重量,携带方便,降低成本,减少耗电量;特别是电子计算机为了提高运算速度,不断地向微型化方向发展。

　　现在采用光掩膜技术制作的大规模集成电路（包含 1000~10 万只晶体管),元件之间的距离小到微米数量级。正在研制更先进的超高速集成电路,使各元件的间距进一步缩小。然而,从使用者的角度来说,却提出了要求,让计算器的输入、输出部分保持足够的"大",以便人仍旧能用手指进行操作。

　　那么,为什么还要继续不断地提高微型化的程度呢?科学家们还有其他的考虑。

　　比方说,要求某种电子计算机在不到 1 毫微秒(10^{-9})的时间内完成一次运算,这样的计算机能不能选得很大呢?我们知道,电信号在真空里以光速(3×10^{10} 米／秒)来传输,而在 1 毫微秒的时间内,电信号只

能传播 3×10^{10} 厘米／秒 × 10^{-9} 秒 =30 厘米。这是不大的距离。如果信号在计算机里的传输距离大于 30 厘米,那么其他元件无论如何先进,这台计算机也无法达到所要求的计算速度。为了保证电子计算机有最快的速度,就必须尽可能缩短各元件之间的距离。

袖珍"电子城"

眼下,电子表已经相当普遍。它不仅可以显示几点几分几秒,可以显示几月几日星期几;而且还可以测量血压,播放音乐……真是神通广大。电子手表为什么会有这么多的功能呢?原来它里边采用了集成电路。

在集成电路出现以前,电子线路都是用一只只电阻、电容、二极管、三极管等分立的电子元件,焊接在印刷线路板上或用导线将各个元件连接起来。显然,当元件数目巨大时,比如说有 10 万个晶体管组成的电子线路,它的体积将变得十分庞大,电能消耗也很厉害,更有甚者,电路很容易出毛病,任何一个焊点脱落或者一个元件损坏都会影响整个线路。后来,人们利用先进的科学技术手段,把电路中所需的各个元件,都制作成一小块半导体时,上面提到的种种困难都迎刃而解了,这就是集成电子线路,简称为集成电路。

我们知道,世界上第一台电子计算机是 1946 年研制出来的。这台电子计算机使用了 1.8 万只电子管,有 30 吨重,占地 170 多平方米,消耗电力 140 多千瓦,造价几百万美元,而它运算速度每秒钟只有5000 次。可是现在用一块大规模集成电路的微型计算机,它的体积只有香烟盒那么大小,论价格也不过几百元到几千元,重量还不到 500克,而运算要比第一台电子计算机快几十倍以上。集成电路的作用是不言而喻的。

集成电路的出现

无线电元件有电阻、电容、电感、二极管、三极管等，它们都是独立的元件。集成电路就是在同一片硅材料上同时制得电阻、电容、电感、二极管、三极管等，并按照一定形式连接起来的一个单元线路。

为什么会出现集成电路呢？它是无线电电子学发展的结果。宇宙飞行、火箭技术、导弹、电子计算机等技术的迅速发展，迫切需要解决电子设备结构日益复杂所引起的体积与重量的矛盾，同时设备的可靠性问题也提到日程上来了。人们为了解决这些问题，于是，集成电路应运而生了。集成电路的出现，使电子电路与设备向小型微型的领域跨进了一大步，而且由于元件间连接线大大减少，所以线路的可靠性也大大提高。集成电路可以将原来庞然大物的设备，缩小成一个香烟盒、鞋盒那么大，电子计算机，尤其是火箭、导弹中做制导用的各种计算机，可以选用更复杂更高级的线路，装在弹体内只占很小的容积和重量。在宇航器上的电子仪器，集成电路的使用更具有决定性意义。集成电路还可以用来制造自动控制设备、完全塞于耳朵内的助听器，以及自来水笔式的收音机、扩音机等。

集成电路神通大

　　小巧、轻便、价廉、可靠的集成电路,像孙悟空一样钻进了现代科学技术的各个领域。自从 1904 年发明真空管以来,电子科学技术经历巨大变革同晶体管和集成电路的诞生是息息相关的。可以毫不夸张地说,没有晶体管和集成电路,就没有今天的电子工业,也不会有今天巨大的科学技术的进步和令人瞠目的科技奇迹。

　　近些年来,出现了屏幕尺寸不到 5 厘米的微型电视机,还诞生了可以放在衣服口袋里,只有 50 多克重的摄像机……这些电子设备能够做得这么小,这么轻,主要是因为采用了集成电路。

　　现在的微型电子计算机,能进行人造卫星的运行计算;能做全国的天气预报;能存储信息,如大型图书馆有上百万册书,你需要哪本书,它可以立即帮你查询; 它能控制机器,做成机器人。现在世界上有几十万乃至几百万个机器人。它们有的可以在有毒、有害和高温环境里工作;有的可以上天遨游探索;有的可以到海底打捞;有的会下棋;有的会作画;还有的能当翻译……

"电子城"里的"居民"

集成电路是一种半导体器件，从外表上看只不过是一块像指甲大小的长方形的薄片，周围伸出好多条金属的"长腿"。要是打开它的外壳，就会看到里面有一块米粒那么大小的硅片。用肉眼端详这银光闪闪的集成电路的硅片，隐隐约约地看到它表面好像有许多花纹似的。倘若把这米粒大小的硅片，放到显微镜底下观察的话，我们就仿佛坐在飞机上鸟瞰一座城市。你看这小小的"电子城"里，一条条银色的大道，纵横交错，这是电子元件之间的连线；大道两旁有许多宛如高楼大厦一样的条条块块，这是晶体管、电阻器、电容器和电感器等电子元件；外围那些个头儿比较大的块块，犹如一个城市的火车站、汽车站和飞机场，这是压焊点，它们用导线与外壳上的金属"长腿"相连接。传递各种信息的电流，就在这里进进出出，流来流去，就好像车水马龙的闹市区。这就是——块集成电路——小小的"电子城"。

世界上第一块集成电路，是 1959 年研制出来的。当时，这小小的"电子城"里，虽然只居住着屈指可数的几个"公民"——电子元件。到 1977 年，出现了在黄豆粒那么大小的硅片上可以容纳 15 万个电子元件的集成电路。现在，已经出现了能容纳上千万个甚至更多的电子元件的集成电路。

"搬"进"电子城"

人们预计,在一块米粒大小的硅片上,可以容纳下上亿个,甚至10亿个电子元件。到那时这米粒般大小的硅片,就不再是袖珍"电子城",而变成一个规模巨大但依然是袖珍型的"电子王国"了。

那么,怎样才能把这许许多多的"居民""搬"进这只有米粒大小的"电子城"里去呢?不必担心,现在已经有了一套相当成熟的技术,即集成电路加工工艺。我们这里只能简单地谈谈几道主要工序。

制作集成电路的第一道工序是制作跟照相底板似的掩模板。在制作掩模板的时候,是根据需要把各个电子元件设计在一定的位置上,做出一个放大几百倍的布线图。然后用专门的照相机把做好的布线图缩小到实际大小,并且翻拍到感光玻璃板上,做出掩模板。由于集成电路的结构复杂,而且是立体的,分好几层,这样,就要做好多块掩模板。

掩模板做好了以后,就要把晶体管、电阻和电容等元器件,利用氧化、扩散、光刻、外延、蒸发等特殊方法制作上去,在内部形成彼此间的连接,构成具有一定功能的完整电路,经过封装即成为一块集成电路。就这样,小小米粒般的"电子城"却容下了"千军万马"。

"电子城"的规模

集成电路自20世纪60年代问世以来，至今已有很大的发展和广泛的应用。在计算器、机器人、石英钟、电子表、洗衣机、游戏机、电视遥控器以及许多的家用电器里面，都有一块或几块集成电路。电脑里面更不用说了，电脑性能如此迅速地提高，正是集成电路的不断发展所带来的。

为了把集成度不同的集成电路分一分类，人们一般把包含10～100只晶体管的叫小规模集成电路；把包含100～1000只晶体管的叫中规模集成电路；把包含1000～10万只晶体管的叫大规模集成电路；把包含10万只以上晶体管的称为超大规模集成电路。不难看出，所谓规模，就是指一块集成电路包含晶体管数目的多少。

用硅制造集成电路

　　人们巧妙地利用硼、磷、锑等杂质原子,在二氧化硅中的扩散速度要比在硅中来得慢这一特点,创造了一种称为掩蔽扩散的工艺,为制造结构复杂的集成电路提供了条件。比如,一片 N 形硅单晶,放入1200℃高温氧化炉内,通入氧气,其表面便会长出一层致密的,而且十分稳定的二氧化硅膜。可以利用光刻法,在这层具有良好绝缘性能二氧化硅膜上开窗孔,然后进行硼扩散。于是在窗孔那里,就形成了一个 P-N 结,而被二氧化硅膜覆盖着的地方,仍然是 N 型硅单晶。这样,在集成电路生产中就可形成三极管基区和电阻。

　　这一实验表明,硼原子在硅单晶中,能够畅通无阻地前进,而在氧化膜覆盖的地方,便受到了阻挠。也就是说,氧化膜起了掩蔽作用。掩蔽扩散是近代半导体工艺中的核心,平面工艺就是建立在这一个原理上的。

　　用同样的道理,再生长一层氧化膜,在基区位置上开一个小窗孔,进行磷扩散,就形成三极管发射区。

　　扩散工序结束后,晶片表面被二氧化硅膜覆盖着,然后在二氧化硅膜上需要引出电极的部位开窗孔,并用真空蒸发法在绝缘层上镀上金属铝以形成布线,便成了电路。尽管铝布线跨过电阻等元件,但因二氧化硅是极好的绝缘物质,不会发生短路,所以集成电路布线的困难也迎刃而解了。

硅片上的计算机

伴随着科学技术的发展,电子计算机也发生了巨大的变化。过去,一部电子管计算机,需要几百平方米的房间才能放得下,而现在采用晶体管和集成电路的电子计算机仅有几千克重,运算速度也大大提高了。

随着半导体技术的发展,20 世纪 60 年代初期出现了集成电路。后来又出现了大规模集成电路,就是在一块硅片上能够同时制作 100 以上的电路。集成电路是利用半导体工艺,将晶体管、二极管、电阻、电容制作在一片或几片尺寸很小的半导体片子上,形成一个或数个,甚至上千个完整的电路。这些单个电路要比一粒芝麻还要小,例如像 5 角硬币那样大小的面积就能制作 9000 多个电子元件,相当于 600 个左右的单元电路。这样,就大大地缩小了电路的体积,减轻了重量,提高了电路性能和可靠性,为电子计算机微型化创造了条件。

一部计算机主要由数千块单元电路组成,而大规模集成电路,能够把 100 个甚至 1000 个以上的单元电路做在一块很小的硅片上。随着半导体光刻工艺、电子束加工等技术的进步,加上制造成品率的提高,可以预计,在不久的将来,我们能够在不到 10 平方厘米的硅片上,制作出 10 万个,甚至上百万、上千万个单元电路来。所以,在一小块硅片上制造出电子计算机是完全可能的。

特别干净的环境

在集成电路里，布满了密匝匝的电阻、电容、电感、晶体管等电子元件。就拿大规模集成电路来说吧，它包含的晶体管就多达 10 万只以上，十分拥挤，元件之间的距离还不到 1‰毫米，更何况元件与元件之间还布有纵横交错比蜘蛛网还密得多的连接线呢！倘若掉进去一粒灰尘，即使小得连肉眼都看不见，但相对集成电路来说它也算是个庞然大物，卡到电路里，便构造了一座不可逾越的大山，它在那里，不

是酿成短路，就会造成断路，都会使整个生产集成电路的工艺流程前功尽弃，芯片也就报废了。所以，在集成电路的整个生产过程中，生产环境必须特别干净，最好是一尘不染。换句话说，不是把生产车间打扫干净就万事大吉了，还必须对空气进行严格的过滤。生产车间内的空气的流通也要采取特殊的方法，以免吹起落在地面上或工作台上的漏网尘埃。特别要求操作人员穿上经过特殊处理的工作服，戴上口罩、手套，从头到脚包裹得严严实实的，一点都不亚于外科医生在实施大型手术的装束。生产过程中使用的各种化学试剂、溶剂、材料等，也要求最大限度地纯净、无杂质，以免遭到杂质的破坏。

"微电子积木"

今天，无论是巡天察地的地球资源遥感卫星，还是帮助人们看家护院的电子锁，都离不开半导体材料，科学家把它形象地叫作"微电子积木"，顾名思义，用它可以排列组合出无数微电子器件。

半导体是介于导体和绝缘体之间的一种物质。半导体家族有单元素半导体和化合物半导体两大分支。前者有硅、锗、硒等，后者有砷化镓、碳化硅、硫化镉等。

半导体之所以神通广大，是因为它具有三种奇妙的特性：

杂敏性——对杂质反应特别灵敏，只要掺入微量的杂质元素，就可以使其导电能力提高十万至百万倍。

光敏性和热敏性——在光或热的作用下，其体内的电子会由纹丝不动的状态转为手舞足蹈。

科学家就是利用半导体材料的这些优异的性能，把杂质元素磷和硼分别地掺入纯净的半导体硅中，生产出了可用来建造各种微电子器件的基本"砖瓦"：n 型"微电子积木"和 p 型"微电子积木"。有了这两件宝贝，再加上科学家绞尽脑汁地设计，对它们进行巧夺天工的搭配组合，于是成百上千种小巧玲珑，却有十八般武艺的微电子器应运而生了。

半导体

　　一提起半导体，人们会自然想到导体、绝缘体。导体，就是能够让电流通过的物质，像铜、银、铁等金属材料都是良好的导体。而绝缘体是不能够使电流通过的物质，像玻璃、橡胶、陶瓷等，就是大家最熟悉的绝缘体。半导体是相对于导体和绝缘体来说的。人们通常把导电程度介于导体和绝缘体之间的物质称为半导体。最初人们只是发现了少数的物质具有半导体的性质，后来随着科学技术的不断发展，人们发现许多物质都具有半导体的性质，于是就逐渐地发展形成了一门新兴的学科——半导体材料科学。

　　目前，科学家们已经发现具有半导体性质的物质有锗、硅、砷化镓、磷化镓、磷砷镓、硫化镉、碲镉汞、钛酸钡、碲化铋等。另外，还发现一些有机化合物也具有半导体性质。人们还研究生产出了具有半导体性质的玻璃、陶瓷等。科学家们为了研究的方便，又把这些半导体材料分成门类进行研究。一般来讲，由一种元素组成的半导体材料叫作元素半导体，像锗和硅就是元素半导体的典型代表；由两种以上的化学元素组成的半导体，叫作化合物半导体，最典型的要算是砷化镓和磷化镓了。大多数半导体材料是无机化合物，也有些半导体是有机化合物。所以，人们又把半导体材料分为无机半导体和有机半导体。

半导体发展迅速

半导体材料之所以能够成为一门新兴的材料科学而独立存在，并得到飞速的发展，正是因为它具有其他材料没有的许多独特的优异性能。比如，半导体材料对于杂质有非常敏感的效应。在室温下一个高值的半导体硅材料，电阻率为 20 万欧姆／厘米，当掺入千万分之一微量杂质时，它的导电能力会一下子提高 20 多万倍。另外，半导体材料的导电能力，受温度的影响也很明显，像硅这样的半导体材料在 200℃ 情况下，要比常温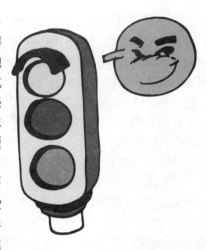
下的导电能力提高几千倍。半导体材料对于光照也非常敏感，如硫化镉在一般灯光的照射下，它的导电能力可提高几十到几百倍。除此之外，一些半导体材料还具有发光的特性，当对某些半导体注入一个特定之后，它们就会发射出红、橙、黄、绿、蓝等不同颜色的光。也有一些半导体材料对于某种气体有着独特的吸附作用，一旦吸附了这些气体就会使它的导电性质发生变化。

正因为半导体材料具有这些特殊的性质，才使得它在短短的几十年中，得到飞速的发展，1948 年人们第一次制作出了点接触晶体管。1950 年拉出了锗单晶，不久又拉出硅单晶。1961 年人们又用半导体硅材料制出了几种半导体电路。直到现在已经用半导体硅材料，成批生产出了大规模集成电路，用这些电路制造了电子计算机、机器人等。

半导体的应用

　　人们利用砷化镓制成了几十种微波器件,现在正向微波集成电路的方向迅速发展。

　　利用半导体材料制成的发光器件更是数不胜数了,磷化镓可以制造发绿光的器件,碲镉汞这种半导体材料又可制成红外探测器件。利用这些显示器件可以做成显示屏,为现代化的仪器仪表增添了光彩。

　　气敏半导体器件是半导体材料的又一新应用。这种器件是采用氧化锡这类的半导体材料制成的。它吸附微量的气体后,便可以改变器件的导电特性。用这种气敏半导体器件可以检测出百分之几的微量氢气、甲烷气、一氧化碳气以及汽油等可燃、易爆、有毒的气体,可用于化工厂的管道探漏、安全防火等自动报警装置。

　　半导体碲化铋是一种良好的半导体制冷材料,可以制成半导体制冷元件,也可以组装成各种各样的制冷装置,像半导体凝固点测试仪、半导体冰箱、冶金工人戴的冷帽、医疗上做冷冻切片,皮肤病的治疗器等。

　　随着世界性的能源紧缺,人们开始寻找新的能源为人类服务,半导体材料将在其中扮演重要的角色。硅太阳能电池不仅用于人造卫星、宇宙航行等空间技术,还用于沙漠、高山等缺乏能源的地区。目前,世界上正在研究非晶态硅,以探索低成本的太阳能电池的生产工艺。

超精细加工技术

据专家们推测,在21世纪初,硅片上"电子城"里的"居民"的密度还将大幅度增加。在宛如米粒大小的"电子城"里,将"居住"上百万、上千万,甚至上亿个"居民"——晶体元件。到那时,构成微电子器件的"砖瓦",将不再是我们前边提到过的"微电子积木",而是分子、原子和它们的聚合物。届时,在比头发丝还细得多的范围内要布下"千军万马"。

其加工图形线条的最小宽度将缩小到 8×10^{-3} 米。要想在如此小得不能再小的图形中精确地掺入所需要的杂质元素,并形成具有一定功能的微型电路,现有的工艺技术已毫无办法,必须另找出路,寻求更尖端的技术帮忙,于是科学家想到了超精细加工技术。这种技术是利用计算机辅助设计技术进行电路系统的设计;利用分子束外延技术按照原子层生长单晶材料;利用离子束刻蚀技术对一个个原子进行刻蚀剥离;利用电子来曝光技术印刷小于1微米的线条图形。扼要地说,就是"一机三束",有人把这种工艺称为"原子级加工技术"。

近几十年的实践证明,伴随着微电学的蓬勃发展,微电子产品的微体积、高效能、长寿命和低成本,为其大踏步地走进工业、农业、商业、国防和日常生活等各个领域,铺平了一条康庄大道。

"硅片司机"

　　微电子学,通俗地说,就是一门使电子器件和设备由大变小的微科学。随着微电子学的发展,早期的重30吨,占地170多平方米,使用了1万~8万只电子管的电子计算机,现在已经可以做在只有一粒米那么小的硅片上。特别是将来普遍地采用超精细加工技术以后,微电子学的明天,将更加辉煌。

　　未来,当你走进智能汽车工厂的时候,会看到一辆辆汽车从总装车间开出来,但是整个工厂看不到一个人在工作。原来,工件加工、车型冲压和汽车总装等工作,都是由微电子技术的结晶——机器人和机械手在生产流水线上自动完成的。在智能汽车上,没有司机,代替它工作的是一部装有各种行车路线的硅片式微型电子计算机,人们戏称它为"硅片司机"。你别看它个头儿不大,可它颇具神通。它操纵着车上的

驾车控制器,探测控制装置和安全雷达防撞系统。"硅片司机"兢兢业业,一丝不苟,日夜兼程也总是精神抖擞,不知疲倦。你上车后,只要按下按键,把前往的目的地告诉"硅片司机",它就能选定应走的最佳路线,驰往目的地。由于车上装有微型电子防撞雷达,保证了行车的绝对安全。

导电塑料的发现

1975年，美国费城的艾伦教授到日本访问。当他参观东京技术学院时，在实验室发现了一种奇异的薄膜。这种薄膜像塑料，又像金属，银光闪闪。于是便询问这是什么物质？陪同的白川教授不以为然地说，这是个外国学生做高分子聚合实验时的"废品"。

而艾伦教授却找到出"事故"的学生，详细询问了实验的过程：配料的比例，银光薄膜的特性。当他得知这种薄膜还具有导电性能时，一种大胆的设想油然而生——能不能发明一种能导电的塑料呢？

艾伦教授独具慧眼，不受旧观念束缚。他当即决定，邀请白川教授去美国宾州大学，专门研究这种银光塑料。他们克服重重困难，进行了种种配方的大量实验。当有一次将少量碘加入这种塑料时，奇迹发生了！银光塑料的导电性能出现了巨大变化，导电率一下子提高了3000亿倍！这样，世界上第一种没有金属做导电介质的塑料问世了。

导电塑料质量轻，便于成型，可代替金属做导线，可制成塑料电池（另一极为锂）代替沉重的铅蓄电池；还可以制造廉价的太阳电池薄膜，直接将太阳能转换成电能。

通过对导电塑料的研究，科学家们受到启发，并已经开始研究如何配制各种特殊性能的塑料。

导电纤维的应用

防止静电。适当地混有导电性纤维的制品，可防止静电放电所引起的可燃物质起火爆炸、电击和由此而产生的一系列事故。目前，它已大量用于制造抗静电工作服和保证电子仪器正常运转的无尘衣(防尘工作服)，以及地毯、加热器、防止着火的航空邮袋等。

还可以利用导电性纤维制成带式除电器，除电带的一面呈锯齿状，可以放电。这种除电带不像高压电晕除电器那样需要外加电源，只要接地放在带电体旁边即可。它广泛应用于塑料薄膜加工、造纸、印刷等部门。

静电感应屏蔽。在进行带电维修的作业中，电工身穿导电工作服，头戴帽盔，手戴手套，可在几万、几十万伏高压电线上安全操作。在进行超高压输电的带电作业中，静电感应引起的电击和伴随产生的事故，以及长时间作业时感应电流对人体的影响，都十分强烈，没有导电工作服、手套的屏蔽保护，带电作业就无从说起。自从导电性纤维问世以来，它与普通涤纶、棉花等交织而成的织物，已取代了金属丝，开始用于制作高压操作用的导电工作服、手套、袜子等。它在电业工作中，发挥了出色的作用。

电磁波屏蔽。利用导电纤维对电磁波的反射性，可用以制成防止外部电波对广播电台干扰的屏蔽，以及高频电焊机、电子仪器和其他精密仪器的屏蔽。此外，还可用作发热元件，如电气毛毯等。

导电纤维抗静电

以合成纤维为主体制成的导电纤维,其电能分布效果好,具有抗静电性能,可避免人体触电,电阻小。导电性纤维的导电性能接近碳素纤维,但比一般的合成纤维(如涤纶、锦纶)大 $10^{11} \sim 10^{16}$ 倍。它的强力与涤纶、锦纶差不多,伸长、模量也与一般的合成纤维相同,可挠性、柔软性较好,比重小,易于加工。其纤维成品的服用性、操作性等,与一般工作服差不多。

导电性纤维为什么能抗静电呢?导电性纤维抗静电的原理,基本上是电晕放电。带正电的带电体与接地的低电阻的导电性纤维接触后,导电性纤维周围即产生了正负离子,负离子随即向带电体移动而得到中和,正离子则通过导电性纤维接地而泄漏。也就是说,导电性纤维在这个回路中成为接地电晕放电的电极,因而起到了防静电的效果。

使锦纶、涤纶等合成纤维成为具有良好导电性能的集电性纤维,主要的方法是在合成纤维中添加金属、碳素等导电材料的粒子或粉末、微纤维等。由此所制得的纤维,电阻率约为 $10^9 \sim 10^{10}$ 欧姆／厘米。

合成纤维带静电

　　一般说来静电的能量很小，即使产生静电的电压很高，也不至于发生危险。此外，一般的静电积聚不容易，它会沿着接连大地的导体遁去，或在相对湿度为 40% 以上的空气中，附着于水滴散落到大气中去。积聚不易，能量也就不会变大，当然没有什么危险可言了。但在某些情况却不相同了，例如静电积聚产生了火花放电，而附近又正好有易爆性气体或液体，就有发生爆炸或火灾的危险。对于合成纤维的生产，经过牵伸、加拈等摩擦，也会使纤维带上静电，吸引空气中的尘埃，影响了纤维的质量。静电会使电子元件的灵敏度大大降低……

　　为了克服合成纤维静电的危害，人们经过不懈的努力，先后试制成功了各种新型的特种合成纤维——导电性纤维。大家都知道，金属材料如铜、铅、银和非金属材料碳都是良好的导电体。用它们所制得的纤维导电性能颇佳，无愧称之为导电性纤维。例如碳素纤维，其电阻率低达 10^3 欧姆／厘米。但是，它们的通病是比重大，柔软性差，加工困难，造价高昂等。不难想象，用金属纤维做成的衣服，就算穿得起，恐怕也如着铠甲，不胜辛苦。于是，人们又研制出以合成纤维为主体的导电性纤维。

橡胶也能导电

一个燥热的夏天，有一辆汽油运输车在路上飞驰着。突然，一声巨响，车上的贮油罐爆炸了。

原来，当汽车在飞驰时，干燥的空气和汽车车身的金属相互摩擦产生了电，虽然大地能传电，但是汽车轮胎的橡胶是绝缘体，不能把因为摩擦而产生的电及时送进地里，因此车身上的电越聚越多。如果汽车一旦碰到了

树木、墙壁以及其他突出地面的东西，就会产生强大的电流流入地里，同时也会产生火花。火花点燃了汽油，汽油迅速燃烧而导致爆炸。

如何避免这个灾祸？科学家们进行了一系列的研究，结果一种导电的橡胶应运而生了。

所谓导电橡胶，说来也很简单，就是在橡胶内掺进一些导电性能良好的金属粉末，使它变成电的导体，同时还保持着不被氧化、重量较轻等优良特性。

导电橡胶一出世，立即显示出非凡的才能，人们从它身上找到许多宝贵"品质"。譬如说，把它接上电源，就可以制成取暖袋和被褥，人们穿上它可以在冰天雪地里不感到寒冷。还有，由于导电橡胶不受外界温度变化的影响，能够始终维持一定的温度，因此可以制成恒温加热器，这在化学工业和食品工业中是非常需要的。

把电能贮存起来

　　小朋友玩的惯性小汽车,只要把车轮在地板上蹭几下,再往前一推,小汽车就能奔跑好一段路。它没有发条,也没有电力,怎么能跑得那么远呢?原来,惯性汽车里装着一个奇妙的东西——铅制的边缘较厚的圆盘(飞轮)。

　　飞轮的质量较大,而且质量集中在边缘,所以转动之后惯性很大。只要能使飞轮转动,飞轮就把能量变为动能贮存起来。待小汽车一着地,旋转飞轮积蓄的动能就释放出来,驱动汽车前进。

　　那么,能不能叫飞轮这种惯性蓄能器来贮存电能呢?

　　能!有人设计了这样一种装置:把飞轮与一台能变速的电动发电机组连接起来,一同安放到一个封闭的容器中,当用电低峰时,电动发电机起着电动机作用,带动飞轮"哗哗"地高速旋转,把电网多余的电能变为飞轮的动能贮存起来;在用电高峰时,电动发电机组又自动摇身一变发电机,被飞轮积蓄的能量带动,发出电流,补充电网中电力的不足。据试验,用高强度纤维复合材料制成一只直径为 4.58 米,重达 200 吨的飞轮,让它以每分钟 3500 转的高速飞转,可以贮存 2 万千瓦小时的电能。

驻极体

在第二次世界大战中,美国俘获了一艘日本军舰,发现军舰上的电话通信设备与众不同, 既没有磁铁和线圈,也不用电源,这引起美国人的注意。后来,经过研究,秘密终于被揭开了。原来,这种电话里应用了一种"驻极体"。驻极体是什么呢?

电与磁有着惊人的相似地方,人们从自然界的永久磁铁获得启示,有没有一种永久带电的物质呢?100多年前,英国著名物理学家法拉第确信有这种物质。19世纪末,英国科学家亥维赛把这种能长期保持带电状态的物质叫"驻极体"。1919年,日本科学家制造出了驻极体。

在驻极体电话的送话器中,由镀有金属层的驻极体与底座板构成一只电容器,当人们对着送话器说话时,驻极体薄膜产生振动,使电容器两块极板之间的距离随之改变。这时气隙中的电场强度发生变化,使相对于驻极体的电极上感应的电荷跟着变化,两块极板上的电势差因此发生变化,从驻极体的金属层和底座板引出的导线上,就会有足够强的电信号输出,在对方的受话器里转变成声音。由电介质制成的驻极体能长久地保持电荷。日本制成的世界上第一块驻极体在博物馆中放置了45年之后,经测量它的电荷量只比当初减少了约1/5。

电磁干扰

由于电信事业和电子、电力工业高速发展而产生的电磁污染如同"三废"一样，也成为社会性的公害。且不谈电磁波对人体的危害，单就电磁干扰就足以使人伤脑筋了。

荧光屏上突然出现的"条纹""亮点""雪花"，收音机里传出的突如其来的串台噪声，仪器受干扰产生的异常信号，这都是电磁干扰在作怪。在通信、导航、雷达等领域，电磁干扰还会导致通信中断、导航失误、雷达失灵等。自1975年以来，全球每隔一年要召开一次国际学术讨论会，专门研究防治电磁干扰的措施，由此诞生了一门新型的技术科学——环境电磁学。

电磁干扰是来自多方面的，同时它们不仅对电信设备有干扰，对一切靠电磁作用来工作的仪器设备均有干扰作用。所以，控制电磁干扰并不单纯是为了保护电信业务，同样是为了保护非电信业务。

要排除电磁干扰，就要摸清它的来源。电磁干扰小部分来自雷电等产生的自然环境干扰波，大部分是人为造成的。人为因素干扰大致可为"电信设备干扰"和"非电信干扰"两个方面。

人为的电磁干扰

　　一是电信设备干扰。由于广播电台、电视台的数目很多,有很多频道显得紧张,一个频道需要由多个电台共同使用,虽然已经按照正常无线电传播条件给它们规定了彼此之间的距离,但是,因为无线电波的传播会随着季节、昼夜和太阳黑子的活动情况发生变化,并因地形、土壤条件产生差异,同频道和邻频道电台的无线电波就有可能碰在一起,相互产生干扰作用。特别是国际电台不易解决电台之间的距离问题,这种干扰的可能性就更大了。除电台之间同频道或相邻频道产生干扰之外,由于广播电台、电视台及无线电通信、导航、雷达等发射台在发出信号电波的同时,还要发出一些杂乱的无线电波,一旦这些电波的频率与某些电台的频率相近,必然造成电磁干扰。

　　二是非电信干扰。有一些供工业、科学、家庭用的射频设备,诸如高频炉、微波炉、超声波清洗机以及电子计算机等,虽然不带发射天线,但是电磁波仍然会从机壳或部件中辐射出来。还有一些杂乱电磁波能通过电源线传导出来,对周围几十米甚至五百米左右的广播、通信等产生干扰。此外电风扇、洗衣机、电冰箱等,在它们开、关的瞬间以及运转过程中,都可能产生脉冲性、随机性和周期性的杂乱电磁波或电流,并在其周围造成电磁干扰。

抗电磁干扰

首先，要在各地的城市规划中将工业区、发信区、收信区、住宅区划开，使干扰源尽可能远离居民区。其次，要给各地区的各种电信发射机和工业、科技、医疗射频设备指定合适的无线电频率，减轻它们对当地电视台造成干扰的可能性。最后，要求各种无线电干扰源按照规定，抑制杂乱的无线电波和电流，实现电磁兼容，不是只向干扰源提出限制要求，而是对干扰源和受干扰对象双方提出合理的要求。比如对电视台，只能在它们的服务区里给予保护。所谓服务区，就是电视台的无线电波强度超过规定数值的地区，观众使用配上普通天线的电视机，就会收视得好。按照这个标准，给各种干扰源规定可以允许的杂乱无线电波和电流的限额。例如，一般规定在服务区边缘，每部工、科、医射频设备发出的杂乱无线电波的强度在离它 100 米的地方应该不超过电视台无线电波强度的 1%。在服务区以外，电视台发出的无线电波的强度达不到规定数值，如果仍旧按 1% 的比例来限制引起干扰作用的杂乱无线电波，干扰源就需要更多地采取抑制措施。在这种场合，就不再向干扰源额外提出要求，而是要求电视观众自己采取一些措施。如使用对着电视台的室外天线，兴办小片有线电视网等。

实施广播干扰

第二次世界大战爆发后，敌对双方不仅在正面战场上互相厮杀，在后方也进行着你死我活的明争暗斗。广播干扰战就是在后方的一场特殊的战斗。

1941年8月21日夜，柏林。在电台总部里面，德国播音员正在兴致勃勃地向全国播送新闻。一位播音员得意扬扬地宣布："红军正向第聂伯河以东屡屡败退。"突然，德国的听众惊奇地听到另一个神秘的声音插入："谎言。可耻的谎言！"

播音员继续说："德军已经取得新的胜利。""在坟墓里……"神秘的声音再次插播。

面对这一神秘的声音，德国的宣传负责人戈培尔恼羞成怒。他命令德国广播公司经理格拉斯密尔采取措施。格拉斯密尔先是让播音员加快播音速度，但神秘的声音反应更快。当播音员偷偷在音乐之间插播新闻时，神秘的声音正等着他们。狂怒的纳粹干脆取消了新闻节目。但神秘的声音依然频繁出现。

这神秘的声音来自何方？英国工程师测出，神秘的声音来自苏联莫斯科附近的诺津斯克。当时苏联技术人员已经找到把本国发射台的频率同德国电台的频率同步的方法，从而在纳粹播音员停顿的间隙插入了播音。

电子犯罪

随着电子技术的迅速发展,五花八门、千奇百怪的"电子犯罪"案件此起彼伏,层出不穷。

1985 年 5 月 12 日,伦敦的大通曼哈顿银行收到哥伦比亚中央银行通过计算机发来的一项指令,要求把 1350 万美元转入纽约大通曼哈顿银行的一家账户,从此,这笔巨款开始了周游世界的转账旅行,先后转到摩根保证信托公司、苏黎世和巴拿马,又从巴拿马转到欧洲,绕世界转了两圈。整个转账过程都是作案人通过计算机用密码完成。最后,一部分转回哥伦比亚,主要是转入发展部前秘书长索托·普列托的账户内。这个案子牵涉面广,一直到 1985 年 11 月才败露。警方做了半年的调查,只抓了 10 多名嫌疑犯。后来,联邦德国警方在法兰克福将索托·普列托逮捕,但不久又由于证据不足而释放了他。普列托也断然否认他与此案有牵连。

在日本,利用电子计算机和信用卡进行犯罪活动也有增加的趋势。

国际研究计算机犯罪活动的主要专家之一多恩·帕克,在他著的《同计算机犯罪做斗争》一书中写道,同时破坏服务于交易所交易、资金周转、飞机订座、气象预报、社会保险支付的计算机可以严重地扰乱该国的经济,甚至可以使一个国家陷入经济大萧条。

用电子技术破案

在当前犯罪形势发生了新的变化的时代，当务之急是警察要运用现代科学技术，尤其是电子技术进行侦破。英国1985年在计算机协助下侦破了很多凶杀案。新的计算机已具有破译情报和独立得到结论的能力。当英国发生重大事件，比如凶杀案时，关于此案的每一条零星线索均被输入MLCA计算机里，计算机对此进行检验并决定线索类型，提问并提供侦察路线。计算机对源源而来的资料进行组织和分析，同时还能调用当地警察局的电子文档以检索有关的资料。这是一项要花费上千小时的调查工作，计算机做起来不仅要比人快，而且还不会因疲倦、厌烦或成见而错过重要的细节。如果MLCA计算机能获得足够多的资料，便能独立破案。

不久前，日本研制出一种"彩色电子显微镜计算机系统装置"，设置在日本东京警察总署，用来专门侦破交通肇事案。我们知道，汽车司机只要驾驶汽车撞倒了行人，或者是撞坏了其他车辆，不管碰撞是多么轻微，肇事汽车总会在马路上、被撞车辆上，或者是受害者的身上，留下一些极少的油漆微粒，这就成了破获交通肇事逃跑案的物证。原来，这个系统装置能够对仅仅0.2毫米大小的油漆微粒的化学成分和颜色特点进行分析，即可辨认出肇事汽车的商标、型号及其出厂日期。

电子警戒设备

在电子技术飞速发展的今天，世界各国出现了形形色色的报警器、窃听器，及电子警棍等电子警戒设备。

报警器根据传感器的特点，可分为微波式、红外线式、触摸式等。在一些机要部门的庭院内秘密执勤的是微波报警器或红外报警器；房间内的重要物品如保险柜等，则由触摸式报警器负责看守。

窃听器实质上是一种微型发射机，它的体积可以小于一块糖果，甚至小于一颗大米粒。将它安放在需要警戒的地方，它便可把任何声音信息通过无线电传到监视室，从而起到报警的作用。

闭路电视摄像监视系统，通过秘密安装的摄像机将视觉信号传递到管理中心的终端电视荧光屏上，还可有效地监视现场，必要时还可录像备查。由于警棍头部能产生五六千伏的低频电压，倘若触及反抗者的面部或其他裸露部位，这种高压就能使之昏倒或暂时失去反抗能力，但不会给人体带来永久性的伤害。

电子警戒的特点是灵敏度高，反应迅速，具有极高的准确性、可靠性、客观性，以及时间上的连续性。由于近年来半导体和集成电路的发展，电子警戒设备功能日臻完善，应用范围随之不断扩大。目前，在防盗、防火、防毒、防灾等方面已实现了系统化的全自动电脑控制联合作业。

可靠的电子锁

目前,门锁和钥匙已跨入了电子化的行列。最方便的锁是电子密码锁,主人不用钥匙能打开它,而别人却打不开。较简单的电子密码锁采用按键形式,一般有5个左右的密码按键和一个报警按键。当按准密码后,电磁铁的电源电路闭合,电磁铁吸合,磁铁铁芯带动锁舌,门就可以打开;如果按错了按键,电磁铁的电源便断开,锁就不能打开。如果将所有的按键同时按下,电路也不通,锁也不能打开。如果错按了报警按键,电铃便会报警。

稍复杂一些的密码锁,采用3位、4位或更多位的密码,并且在线路中接入了时间继电器,当按下任何一个非密码按键时,时间继电器吸合,在数秒钟内断开电磁铁电源,同时接通报警信号,使偷盗者担心暴露而溜走。

电子锁的结构是变化多端的,较复杂的电子锁,密码的编排方案可在5000种以上。有一种反密码锁,一次按对了密码按键,锁便打开。不知密码的人,如果一开始按错了密码,即使以后按对了密码,锁也是打不开的,必须按动纠错密码后,才能用正常密码开锁。

光增强器的本领

在战争中,军队为了在敌人面前不暴露自己的军事行动,往往在夜间进行活动。为了能在夜间观察敌人的活动,人们研制了光增强器,黑暗中也可以看见敌人的活动,可谓"夜眼"。

最黑暗的夜晚往往不是黑得一丝光都没有,而一缕微光,不管它多么微弱,也能进入光增强器而得到增强。星星能提供几毫勒克斯的照度,而月亮提供的照度可达 100 毫勒克斯。

作为眼镜或照相物镜而设计的光增强器,其外形是小盒状或几厘米长的管状,光增强元件是一块微道板。汽车驾驶员戴上这种只有几百克重的眼镜,能在黑暗中以每小时超过 100 千米的速度行驶,公路在他眼里如同用车灯照亮一样清晰可见。

光增强器应用于天文学可以增加图像的光亮度,以便利用较短(几分钟)的曝光时间来摄影。光增强器也能应用于医疗、放射学、高速摄影和一些转瞬即逝现象的示波技术。还可以使夜盲症患者在夜间获得正常视力。

光增强器的广泛应用是近年来的事。光增强器本身的结构在最近几年经多次改进,得到大大改善,已从 1 万倍左右增加到 2 万倍,分辨能力达到每毫米 30 线对。

光增强器的强度

从光线(来自照射甚弱的目标)的到达(至物镜),到光线(已大幅度放大)的输出(至目镜),这一过程可分为三个阶段:

第一阶段,把来自目标的光线转变为电子。事实上光电阴极将入射的光子能转变为运动中的电子能。

第二阶段,把上述的电子增多。带有电荷的电子被电场加速,增加了它的能量。这一切都是在光电阴极和阳极之间的倍增管中进行的。处于这两个电极之间的微道板将利用这个能量来增加光电阴极所发射的电子数。这些电子在到达作为荧光屏的阳极后将产生同等数量的光子。

在正常情况下,光电阴极发射出来的电子穿过微道板加速前往阳极,它们中间的大部分钻入微道板的通道。这些通道相对微道板的表面来讲是倾斜的,进入的每个电子撞击通道的内壁,产生一种叫作"二次发射"的现象。通道内壁发射出许多其他电子,然后这些上次电子在微型通道里曲折前进的过程中,通过每一次反弹而倍增。这样就产生一种"雪崩效应",它使微通道发射出大量的电子。

第三阶段,为了根据微道板产生的电子图像获取可见光图像,电子经倍增后重新转换成光。这是阴极荧光屏的作用。倍增管中使用的磷所发射的光是绿光,我们的眼睛对于这种光极为敏感。

飞机上的黑匣子

黑匣子是个什么东西，飞机上为什么都装有黑匣子呢？黑匣子就是"飞行记录仪"。它的外壳，坚实，为长方体，像个盒子，所以人们就叫它黑匣子。

黑匣子是在第二次世界大战时期出现的。现在，装置在黑匣子里的飞行记录仪作为飞行事故的"见证人"，已得到国际上的承认，并具有法律效力了。

其实，黑匣子就是一台高质量的磁带录音机。它可以记录飞机的飞行高度、速度，记录发动机的工作状态、无线电导航信号，记录飞机和地面间的无线电话和电报联系，记录驾驶舱内机组人员之间的谈话和机舱内播音员的播音等。这样当飞机失事后，就可以作为分析事故和改进飞机性能的科学依据。1985 年 8 月 12 日，在日本东京西部 110 千米的长野县和群马县交界处，日航公司的一架波音 747 巨型客机不幸坠毁，机上的 524 名乘客和机组人员，除 4 名幸免外，其余全部遇难，酿成了日本也是世界民用航空史上最大的遇难事件。幸亏调查组人员在飞机残骸中找到了黑匣子，才使人们了解到这次事故发生前飞机上的一些情况，为事故的善后处理提供了可靠的依据。

为什么能找到黑匣子

　　科学家为了使这位飞行事故的"见证人"在飞机失事后能安然无恙，为黑匣子的设计绞尽了脑汁，使它能承受比重力加速度大100倍的与地面的撞击力量，能经受2200多千克的压力，能在1100℃的火焰中经受烧烤30分钟，能经受住海水或油、酸、碱之类的液体的腐蚀，几个月内都不受影响。

　　为了让这位经受了严峻考验而安然无恙的"见证人"在失事后能顺利地被发现，设计师们考虑了两种方案：一种是把它装在飞机尾翼的翼根上，飞机坠毁时往往是倒栽葱式，机尾高高翘起。这样，人们只要找到坠毁的飞机，就不难发现这位"幸存者"；另一种是在飞机坠毁前，根据飞机上事故传感器发出的信号，炸开了飞机蒙皮，迅速弹出，靠降落伞缓慢降落。为了便于人们寻找，黑匣子还带有染色标志剂和

海水染色剂，经过海水浸泡后，则可以把四周的海面染成大片荧光颜色。这样，无论是白天还是黑夜，都能在几千米之外发现它。黑匣子中还装有一种紧急定位发射机，飞机失事以后，能自动发射信号，指示飞机坠毁的方位，可以连续工作30天。这样，为人们能顺利地找到它提供了条件。

航天飞机没有黑匣子

1986 年 1 月 28 日，美国"挑战者"号航天飞机在佛罗里达州卡纳维拉尔角肯尼迪航天中心发射升空。突然，"挑战者"号右侧火箭助推器冒出一股火苗，火舌蹿出，越烧越大，迅速吞没了巨大的外部燃料箱。刹那间，"挑战者"号变成一个橘红色火球，随即分出许多小叉，拖着火焰和白烟四下飞散。"挑战者"号航天飞机升空只有74 秒，便在爆炸声中化为灰烬。7 名宇航员全部遇难。震惊世界的"挑战者"号航天飞机爆炸事件发生之前，是否也装有类似于普通飞机那样的黑匣子呢?这个问题一直是个谜。悲剧发生后，这个谜终于不解自开了。原来，美国航天飞机上根本就没有安装黑匣子，因为航天飞机驾驶员与普通飞机驾驶员的作用不大一样。

航天飞机上有一个非常复杂的系统，在其各个关键部位上，总共装有 200 多个监视传感器，能将千分之一秒内的压力、温度、燃耗以至航天飞机驾驶员的心率、血压等数据，输入机上的 6 台计算机内，并通过数据中继卫星及时传回地面。此外，机上所有的音频、视频和数据图表也通过卫星传送回地面控制中心。因此，地面对航天飞机每时每刻的飞行状况等了如指掌。在一般情况下，航天飞机均处于由地面严格控制的自动飞行状态，驾驶员只是在特殊情况下，才按地面指令执行手控操纵。因此，航天飞机根本不需要黑匣子。

窃 听

窃听原是作为政治、外交斗争的一种间谍手段。随着资本主义竞争的加剧，许多大公司也利用这种手段，来窃听各种经济情报。甚至连私人侦探，也经常使用窃听器了。

由于竞争加剧，工业间谍在使用窃听器时也越来越不择手段了。据报道，美国一家公司为了窃取竞争对手的董事会内幕，竟在一只苍蝇的背上装了窃听器，然后把这只苍蝇从锁眼塞进正在开董事会议的房间里。日本一家银行为了窃取某公司的财务机密，指使一名牙科医生(受该银行雇用的工业间谍)，在该公司的总会计师前来治牙病的时候，在他镶的牙里安装了一只微型窃听器。这只窃听器的无线电发报机把会计师谈论的一切都转发出去了。

在各种窃听手段中，电话窃听是最简单的形式，只需一只秘密安装的电话分机。它可以安装在露出电话线的任何地方，但不能安装得太靠近电话总机。窃听者利用秘密分机一般只能监听二三台电话，并将感兴趣的内容记录下来。若利用一种特制的录音机，窃听者就不必整天坐在那里，只定期检查磁带就行了。

042

怎样窃听

　　窃听包括两个部分:将谈话接收下来的"传声器"(俗称话筒),将谈话输送到窃听者那里的"发话器"。最简单的办法是利用一根细电线,将传声器接收下来的话音传送给窃听者那里的听筒或录音机。但这根电线很容易暴露,所以大多数窃听器还是使用无线电发话器。它是与传声器装在一起的一个微型无线电发射机,将传声器接收的谈话用无线电短波(一般为 100 兆赫)传送到几十米外的窃听者那里。这种无线电发话器的主要缺点是,一旦电池里的电耗尽,它就不能再工作了。为此,窃听者又在动脑筋改进。

　　过去十几年中,最引人注目的发明叫作口琴窃听器。这种装置是一个安装在电话机内的窃听器。窃听者先打电话给被窃听者,然后向他道歉,说拨错了电话号码。被窃听者挂断了电话,由于打电话的窃听者挂上电话,线路才会断掉,所以这条电话线依然通着。然后,窃听者

用一只小口哨发出一种特别的声调,使窃听器启动,这时被窃听者室内的谈话就通过这条畅通的电话线传送给窃听者。这种装置之所以称为"口琴窃听器",因为它在美国初次使用时,是用口琴音调启动的。这种窃听器不受时间或距离的限制,窃听者安装这种窃听器后,可以随时启动。

窃听器种种

倘若屋子里无法安装窃听器，或者要窃听在马路上或在汽车里进行的谈话，那时怎么办呢?于是人们便研究出新的办法——"激光窃听"。对于无法安装窃听器的房间，便从别处将一束激光照射在房间的玻璃窗上，并接收它的反射光。人讲话时引起的空气振动，会使玻璃窗发生微小振动，导致反射光的某些相应变化，将这种变化记录下来，根据声和光的对应变化关系，就可以把讲话"翻译"出来。

最简单的办法是，在远处通过望远镜将讲话者面部的口型变化用摄像机记录下来，由专业人士根据口型来推测发音。各种微电子器件的出现，促进了窃听器的微型化。

由于微电子学的发展，现在常用的窃听器只有一块方糖或一只橄榄那么大。伪装巧妙的小型窃听器是自来水笔窃听器。因为电子设备只占了很小的空间，所以这种自来水笔窃听器实际上还是可以书写的。利用它可以清楚地收听到3~5米范围内的谈话，它的发话器可以把无线电波发射到20~30米的远处。自来水笔窃听器的传声器，灵敏得足以收到笔在书写时的沙沙声。因而间谍只能用它写几个字装装样子，然后就把它搁在桌子上了。还有更微小的窃听器，如前边提到的装在苍蝇背上的、镶在牙里的窃听器就更神奇了。

反窃听

　　窃听搞得多了，引起人们的注意也促进了对它的防范，这种技术就叫"反窃听"。

　　有些窃听器的传声器和发射器之间有一根细细的电线联系着，这就使人们容易发现它的线索。有一次，一个报馆记者在白宫对面的公园里散步，他的脚偶然绊着了一根电线，顺着这根电线查过去，结果在一条长凳的下面发现了一只传声器。这种简单的搜索方法，在反窃听技术发展的初期是很管用的。

　　随着窃听器微型化，单用搜索的方法已难以发现窃听器了。不过，大多数窃听器都要将窃听到的谈话不断地用无线电波发射出去，这也给人以捕捉的机会。现已研制出一种手提式装置，它能探测出1米范围内工作着的无线电发话机，还有一种设备能自动查出复杂的电话总机里的窃听器和发话机。

　　窃听器对于收听范围内的一切声响都是"一视同仁、兼收并蓄"的。针对窃听器没有选择性的特点，在室内举行重要会议或进行机密谈话时，为防止被窃听，可以同时放送音乐，把谈话声淹没在音乐声中，这嘈杂在一起的"交响乐"，即使被窃听器收录去了，间谍也难以清楚其中的谈话。

电子警犬的鼻子

国外一家电脑公司，根据狗鼻子的原理，研究制造出一种气味测定仪——"电子警犬"。这条"电子警犬"装有微型电脑，能储存各种气味信息，其灵敏度比狗鼻子还高得多，具有多种用途。例如，在军事上用于预测人是否使用化学毒剂；在气象学和环境保护方面，用于监测大气变化和空气污染程度；在现代侦探学中，用于勘察发案现场的气味，追踪捕获罪犯；在医学上，用来分析患者的各种排泄物的气味，帮助诊断疾病。

为什么"电子警犬"如此灵敏呢？奥妙在于嗅敏仪中的气敏材料异常灵敏准确，能够"明察秋毫"。科技工作者研究发现，不少材料对于一些气体或液体的化学变化的作用能显现出来某种感知特性。这种特性被称为"化敏"，又叫"化敏传感"。例如许多半导体金属氧化物在吸附了一氧化碳、甲烷或氢气时，会引起其表面电性质发生变化，从而改变自身的电阻值。人们利用化敏材料这一奇特的本领，便可对有毒、有害、易燃、易爆的气体进行监测和报警。它还能监视炼钢高温炉中的氧含量，从而确保合金钢的质量；当它与微型计算机相配合，便能用来自动驾驶汽车，使油耗降到最低限度并消除废气对空气的污染……"电子警犬"就是利用气敏材料氧化物，添加少量的金属钯或铂，制成一氧化碳气敏传感元件，再配合电子装置而组装的。

没有银幕也能看电影

不久的将来,人们只要戴上一副高科技眼镜,便可以看电影了,它不是投射在银幕上的平面图像,而是浮现在天空中的立体画面。这种视听新产品是一个小的黑盒子,比一包口香糖略大,其中一面嵌有一块不到3厘米的玻璃片,从这片玻璃望出去,便可看到一幅由深红色和深黑色构成的图画,这些图画浮现在0.6米外的半空中,大小有如30厘米电视的画面。

这种视听新产品是利用现有的黑白电视技术略加修改而成的,只是以发光的二极真空管代替电子枪,用镜子代替涂磷的玻璃。信号进入后,这面镜子在1秒钟之内来回振动数千次,使真空管发出的光可迅速而准确地投射到镜子上的每一个角落。唯一不同的是真空管发出的光无法显现浓淡,因此每一个点不是全红就是全黑。然后用一面小透镜将图像放大到机器外面的半空中,而不是留在机器里小小的一个画面。除这种方法外,以数字显示时间的液晶也可产生类似的效果。

尽管目前这种初级的视听新产品仅有两色,但在既有的红色光外,再加上绿色光和蓝色光也非难事。有了这三种光的原色,便可产生彩色画面,再配用双眼镜头,从略微不同的角度看相同画面,就可产生立体感。

模糊家用电器

作为一种新的理论——模糊理论正在逐步运用到新商品的生产开发之中。经过科学家和生产厂商不懈的努力，模糊家用电器正在崛起，成为家电王国里的新家族。其实模糊家用电器，并不模糊。

模糊洗碗机：利用模糊逻辑电路控制调度这种洗碗机，可以自动测出洗碗槽内装的餐具的数量和污垢程度，并以此为根据自动选择洗涤剂、用水量、洗涤时间和次数等。

模糊空调器：利用红外线进行识别。当人们进入房间时，感光装置便会自动跟踪，空调器会根据情况调节室温。

模糊电冰箱：设有冷冻、冷藏、外界温度等多种传感器。根据贮藏情况自动输入到电子计算机中进行模糊处理；根据所贮食物的变化对冰箱各部温度实行最优控制，达到保鲜节电的目的。

模糊电视机：全部采用电脑控制，无须手调。根据室内光线的强弱自动调节屏幕亮度；根据观看者与电视机的距离自动调音量；根据接收电视信号自动调节图像清晰度。

模糊电话机：使用时无须拨号，拿起听筒说出通话人姓名，电话即自动接通。它将打电话人的声音转为电磁信号，由模糊电路自动寻找接话人数据，并转换为相应的电话号码。

电视的发展

　　19世纪末,就有人研究用电来传送景物的图像。当时,提出了不少方案,其中比较著名的是1884年提出的把机械和电联合起来的方案。这个方案,把景物的图像巧妙地分成许多小单元来传送,为电视的发展奠定了基础。这就是尼普科夫圆盘机械电视。

　　20世纪20年代,人们开始用圆盘机械电视的原理,进行了试验性的电视广播。那时,传送的图像是由几十行线条组成的,质量很差,只能大致看出人物轮廓。尽管如此,它仍然引起了人们浓厚的兴趣,对它寄予极大的希望。1933年,光电摄像管的出现,使电视进入了电子电视阶段,开始了电视广播。这时,笨重的机械圆盘被取消了,组成图像的线条,提到几百行,使图像的清晰度大大提高。以后,人们又陆续研制出超光电析的像管、正析像管、超正析像管等灵敏度比较高的摄像管,随着无线电电子学的发展,电视的质量获得了稳步的提高。

　　第二次世界大战以前,有些国家就开始研究彩色电视。到了20世纪60年代,彩色电视技术和关键器件的质量都有了显著提高,生产工艺也有了比较大的改进。

　　电视诞生以后,很快从家庭走向了生产、科研、国防等各个领域。

21 世纪的电视机

第一，电视双伴音和立体声将代替现有的电视中的单伴音。

第二，可以在电视屏幕上看到报纸、杂志和各种与生活密切相关的信息或一些辅助的教育节目。

第三，随着电视机更大规模的集成化、数字化，电视机将能具备多种功能、特技功能，将有多种接口，成为多功能的家庭终端显示设备。可以在家里按自己的意愿选择播放电视唱片，可在电视屏幕上放大和欣赏自己拍摄的彩色照片。同时，随着微电脑的迅速普及，电视机将成为人们学习、文化娱乐的得力助手和必要工具。

第四，进入 20 世纪 90 年代以后，我国的彩色电视已相当普及，一大部分电影观众转化为电视观众。但是到了 90 年代末期，人们又怀念起电影来，因为 51 厘米左右的电视屏幕及图像的清晰度远不及电影。21 世纪初，宽屏幕的高清晰度电视又将会逐渐取代现在的彩色电视。高清晰度电视宽高比将是 5：3，屏幕为 1 平方米左右，图像质量与现在的宽银幕电影相当，并加上立体声伴音，艺术魅力大增。

第五，在 21 世纪初，将进行彩色立体电视的试验广播。随着直接卫星电视广播和高清晰度电视的进展，随着彩色电视机的高集成化、多功能化和大屏幕化的实现，立体电视广播将被更多人欢迎。

"电视迷综合征"

　　随着电视机进入千家万户,电视迷越来越多。这不仅导致学生近视眼患者的增加,而且还会出现头昏眼花、视力减退、食欲不振、消化不良、失眠多梦等症状,甚至发生颈椎综合征。现代医学称为"电视迷综合征"。

　　"电视迷综合征"的种种异常表现,与看电视时间过长有关,时间过长,会引起视神经的疲劳。此外,看电视时对眼睛起调节作用的是睫状肌和眼内直肌,如果它们长时间受电视强烈刺激而处于收缩状态,就容易近视。有些"电视迷"在过分疲劳的情况下改在长沙发或床上躺着继续看电视,更容易引起视神经和眼肌疲劳。

　　"电视迷"每晚看电视很晚很累,只好一看完就立即就寝。而这时电视中各种神奇的情节还强烈地印在脑子里,大脑兴奋过程不易转入抑制,会招致失眠。

　　"电视迷"常因迷恋电视节目而打乱饮食起居的正常规律,这时可造成自主神经功能紊乱,以致消化液分泌减少,引起食欲不振,消化不良,见食物恶心,呕吐等连锁反应。至于"电视迷"们眼睛干燥不适,是因为久看电视而使体内维生素 A 耗损过多所致。经常地、长时间地看电视会造成人体维生素 A 的缺乏,使视网膜的感光功能失调,于是在黄昏和较暗的环境中视物不清,眼睛干燥不适,严重者发生"夜盲症"。

预防"电视迷综合征"

预防"电视迷综合征",主要得以科学的态度看电视。按不同年龄掌握看电视次数和每次持续时间,年龄越小越应节制。科学家认为:4岁的儿童连续看电视的时间应限于 30 分钟以内;学龄前儿童不应超过 60 分钟;未满 14 岁的学生不应超过 90 分钟;年龄较大的中学生不应超过 120 分钟。同时注意维生素 A 的摄人。

此外,安放电视机位置的高低应与观众视线保持水平或稍低一些为宜,最佳角度在垂直方向 13 度,水平方向 17 度;眼睛和电视机的距离要适宜;荧光屏的亮度要适中,光线要柔和,彩色电视机的色调不得调得过浓,这些都能减轻光对眼睛的刺激。白天看电视时,室内应挂上有色的窗帘,并将电视机的光亮度和对比度适当放大;晚上看电视,室

内开一盏 3~8 瓦红灯。可使视紫红质这一感光物质少分解,使眼睛感到舒适而维持暗视能力。看完电视,不宜立即就寝,应先在室内轻微活动一下或洗漱后稍等片刻再睡。

值得提出的是儿童不断地观看电视中充满血腥的拳打脚踢,收听嘈杂声响和粗陋的语言,就学会了接受暴力。科学家发现,8 岁儿童收看电视暴力节目的数量与他们青年时期所产生的挑衅行为之间有明显的相互关系。研究表明,3 年级的男孩收看的暴力电视节目越多,他们当时或 10 年以后的行为就越具有挑衅性。

数字电视

数字电视并不像数字手表那样在屏幕上闪烁着千变万化的数字，它显示在荧光屏上的是比现在流行的普通电视机更富有变幻能力的电视图像，不仅可以在一个电视屏幕上同时看到几套像电影一样清晰的电视节目，可以听到悦耳的报时声，倘若你不在家，它还能自动录下你感兴趣的电视节目。假如你按下专门键，它还会变成信息咨询终端，为你提供各种信息……数字电视将取代现有电视系统，并大踏步地走进千家万户。

那么，究竟什么是数字电视呢？数字电视可以说是飞速发展的半导体技术和不断进步的数字技术的"混血儿"。它是应用数字技术和数字电路对电视图像信号进行变换、编码、处理、记录、贮存、传送的一个概称，它是数字电话和数字通信的进一步发展。数字电视不是指应用数字逻辑对电视台设备进行自动控制和遥控，而是指将模拟视频信号变换成数字信号进行上述各种处理。也有人叫它数字视频技术，其产品叫作数字视频设备。

数字电视克服了前几代电视存在的各类噪声，图像闪烁和干扰，把扫描线提高一倍，使图像更加清晰、逼真、生动、形象、鲜艳。由于数字电视机中所使用的元器件只有上代电视机的一半，不仅大大减轻了重量，缩小了体积，降低了成本，减少了耗电量，还大大提高了整机的可靠性，降低了故障率。

液晶显示与电视

随着电视的发展,人们对它提出了越来越高的要求。在电视未来发展中,液晶将是一个不可忽视的主角。特别是在便携式、壁挂式、立体化、巨型化几个方面,液晶更可以作出惊人的贡献。

在便携式方面,由于全国、世界性电视网的发展,电视成为舆论、信息的主要来源,促使人们追求便携式电视接收机,以便在任何场合、任何地点都可以观看电视。为此,必须解决下述问题:体积要很小,便于携带;要使功耗很小很小,可以直接使用大规模集成电路,不必过虑电源供应。这两个要求是任何其他显示器件无法满足的,只有液晶可以胜任。液晶的低压、微功耗以及平板型结构等特点,可以使袖珍液晶电视机做成像一个小笔记本,甚至手表那样大。

液晶在电视的立体化、巨型化、壁挂式方面,同样是重要角色。其中一种用小型透过式液晶屏,配以外光路制成的投影式大屏幕。这种方式所需要的液晶屏既有矩阵寻址式的,也有光导层方式的,还有针靶型的,甚至还有反射式的等多种形式。另一种则是将液晶屏做成适当尺寸的模块,再将其拼成幕布状壁式大屏。这种屏可以拼接成家用式的,也可以拼接成大厅用的特大屏幕。将其镶嵌在室内四壁,便成为一种特殊的装饰。

"模拟音响"

　　1948 年第一张密纹慢转唱片问世，给唱片业带来了巨大的生气。

　　从 20 世纪五六十年代开始，人们又把对唱片技术革命的兴趣，转移到录音技术的改革上。逐渐地，普通的单声道密纹唱片被新型的双声道立体声唱片所代替。这种唱片，通过立体声唱机，乐声就会从左右两个声道输出，所以人们听起来层次分明，富有空间感。

　　尽管如此，这些音响设备的功能都没有超出"模拟音响"的范畴。什么是"模拟音响"？模拟也就是模仿的意思，就拿录音机来说吧，录音时，演员的声音经过话筒薄膜的机械振动变成音频电流，再经过放大通到录音机，在录音磁头上变成音频电流，再经过放大通到录音机，在录音磁头上变成交变磁场，感应正在走动着的磁带上的磁层而保留下来，录音就完成了。当留在磁带的交变磁场，经过录音机的放音磁头

时，又变回音频电流，放大之后输送到扬声器，振动成声，演员的声音又被还原播放出来了。从录音到放音，都是声、机械的振动、音频电流、交变磁场等等之间的物理性质的能量变化。变来变去，都是根据模仿比拟声音的高低、大小和音色的变化而变化。这在技术上就叫作"模拟音响"。

数码音响

近年来，音响技术也向微型电脑、激光和信息等先进技术靠拢，将"模拟"音频信号，根据频率的高低和振幅的大小，转换成脉冲数码信号，应用激光技术制成数码唱片。用金属制造的数码唱片，直径只有12厘米大，片上有连串的极为微小的凹点音槽，槽与槽之间的距离为1.6微米，换句话说，60条这样的数码音槽宽度，才等于普通密纹唱片上的一条纹的宽度。音槽上的凹点大约是0.5微米宽，1~3微米长，0.1微米深。唱片的表面有一层具有反射能力的铝膜。当激光唱机上功率较低的激光束对唱片进行扫描时，遇到凹点，光线就发生散射，如遇到高于凹点的表面，光线就被反射回来，这样就产生了时断时续的反射。放音部分接收到这种反射信号，就重新把它们变成原来形式的电脉冲，再把电脉冲变成声音放送出来。

数字唱片音槽微细，单面放音时间就可以达到一个钟头。音槽细到肉眼看不到的程度，表面显得平滑，仿佛一面镜子，再加上有一层特种塑料保护膜，所以不易损坏。这种唱片是用激光射入音槽拾音，不像普通电唱机用唱针和唱片接触，互相摩擦而振动拾音。音槽无论播放多少次，表面丝毫无损，经久耐用。此外，由于数码唱片是采用激光拾音，不会像普通唱片那样受灰尘、油污和静电干扰等影响，产生讨厌的"嘀嘀嗒嗒"的杂音。

电视唱片

乍看起来，电视唱片的外貌跟普通唱片异常相似，仔细观察一下，便会发现它上面的沟纹密得惊人，人的眼睛简直无法分辨，在 2.54 厘米内，竟有 1.25 万条之多，比普通唱片多几十乃至几百倍！

制作电视唱片，是先用电视摄像机和话筒，把节目的图像和声音转换成电信号，电信号经过一系列的信息处理后被送到激光调制器里。这样电信号通过一定的装置来控制激光束的强度，让这种激光束通过孔径极小的显微物镜，形成直径约一微米的光斑，温度极高的光斑，射在镀有金属薄膜的玻璃圆盘上，把薄膜烧蚀成深浅不同的孔洞。在显微镜下，可以看到大大小小的孔洞连在一起，从整体连接来看就是一条线纹，这些线纹就包含了全部电视信息，电视节目的图像和声音就被录进圆盘里去了。这个录制好的玻璃圆盘，就成了电视唱片的原版。然后，再用制作普通唱片的技术和工艺，在乙烯片上复制成电视唱片。

使用时，把电视唱片放到电视唱片放像机的图盘上，随着图盘的转动，没有唱针的唱头，就会连续不断地对着唱片发射出激光束来，这激光束就像一根极细的针，既能从唱片的沟纹里拾取影像和声音的信息，还能巧妙地把它们转变成电信号。这些电信号通过连到电视机天线插口上的导线，传到电视机里，就会还原成影像和声音信号。

电视唱片信息量

由于电视唱片便于携带，所以能把它像书刊、杂志一样邮寄全国，广泛发行。特别是对边疆、海岛、山区等地人民群众更为有利。

然而，这仅仅是电视唱片作用的一个方面，更主要的作用是它能够高容量地储存信息。据计算，一张电视唱片可以储存一份杂志40年的总期刊。因此，电视唱片在科技书籍出版上，发挥了它的特殊作用。例如，一些重要的著作和科研论文，如果根据文章的要求，事先用电视唱片把一些实验情况收录下来，随后再成批地进行加工复制，就可以把它附在书籍或杂志里一起交给读者，让读者在各自的电视屏幕上观看，这对加深文章内容的理解，会有很大的帮助。

更有趣的是，前几年发射上天的外星际探测器"旅行者—1"号，上面就携带了一套电视唱片。这套电视唱片包括地球风光的录像，60种语言的问候，兽吼禽鸣和风声雨声，以及不同时代、不同地区、不同民

族的音乐。唱片是铜质的，密封在铝制的盒子里，在宇宙空间的环境里，能保存10亿年以上。人们希望当这个探测器进入银河漫游之后，有朝一日会被另一个世界有智慧的生物发现。那时，通过这套电视唱片的介绍，人类将会找到宇宙深处的知音！

激光唱机

播放数码唱片的唱机叫作"激光唱机"。机内设有一个小型低功率半导体激光发生器，它发出肉眼看不见的红外光，通过棱镜和凸透镜聚焦，射到数码唱片的小音槽上。激光束聚焦点直径小于1微米。伺服系统控制激光唱臂，由唱片的靠中心部分逐渐向外移动。由于光束在单位时间内向音槽做等距离长度扫描，而唱片的近中心到边缘部分的圆周长度不同，所以唱盘的速度是随着唱臂的向外移动，也就不断的变化，它由每分钟 500 转逐渐减到 200 转。

激光束之所以能够如此准确地对正音槽，能够如此准确地在单位时间内扫描一样长度的音槽，是因为激光唱机安有多功能的微型电脑，它指挥唱臂自动跟踪音槽，控制唱盘在不同的位置上，有不同的对应速度。

激光唱机的功能很齐全，它同磁带录音机一样有放音、快进、速退、停机、暂停、计时和音量指示等多种功能，而且还备有信息存贮功能。它既能快速寻找某一音乐曲的段落重放，又能按事前编排好的节目次序播放。

激光唱机不单使用方便，而且各电声指标都远远超过磁带录音机。用它播放数码唱片，高音部分清脆响亮，低音部分深沉宽厚。唱片本身的失真和噪声也较小，音乐的背景上几乎没有噪声存在，音调也极其稳定。

传　真

早晨，打开收音机，我们常常能听到许多新闻。几个小时以后，刊登有这些新闻和巨幅照片的报纸，便送到了读者的手里。是啊！这些照片，是来得多么迅速，多么及时啊！

那么，这些照片为什么能够这么快地传到了全国各地，甚至传遍了全世界呢？原来，这些照片的传送，既不是用火车，也不是用飞机，而是用电的方法。

照片和文件，都可以通过有线电或者无线电从一个地方传到另一个地方。不过它需要用一种专门的方法，这种方法叫作"传真"。"传真"，顾名思义，就是传递真迹的意思。因为它的用处很多，所以，在今天，它已经成为人们相互通信的一种重要手段了。

譬如说，你的科研项目，最近取得了重大的突破。想及时把资料、数据、图纸等尽快告诉各地的朋友，可是，写信、寄资料太慢了。打个长途电话或发个电报，又有弯弯曲曲、密密麻麻的图形和曲线以及那些复杂的数学运算等，在电话里怎么能说得清楚呢？

在这种情况下，利用传真，能把你的图纸传递过去，在另一个地方真实地复制出来。

传真的传送

　　人的眼睛是一架光线的接收机。在视网膜上有着数以亿万计的光敏细胞，它们只有在光的刺激下沿着神经末梢向大脑发出信号，我们才知道看到的是什么东西。所以在看书时，就得有光把书本照亮。这样才会有光从书本上反射出来，进入我们的眼睛。有字的地方反射的光线弱，没有字的地方白纸反射的光线强，这才知道，白纸上即有黑字，是个什么字。

　　由此可见，只要想办法制造出一种像视网膜上的光敏细胞那样的器件来，就有可能用人工的方法，获得一个像通过神经末梢传递到大脑去的那样的信号。

　　这种器件现在已经可以很方便地用半导体的材料来制造了，这就是光电管。光电管有一个重要的特点，能把光的强弱转化成大小不同的电流。在传真的时候，光电管安装在发送端的机器里。假设要发的是一幅照片，那么，就可以把照片卷到一只滚筒上，让它跟着滚筒一起旋转、移动，同时再用一盏能发强光的电灯，把光汇聚成细细的一束投射

到照片上，使它的反射光线正好落在光电管里。这样，当滚筒慢慢旋转、移动的时候，汇聚的光束就逐点逐点地扫过照片的每一角落，把照片上的黑白浓淡，转变成反射光线的强弱，并且经过光电管而变成大小不同的光流。于是，照片的图像被巧妙地变成了电的信号，它可以随心所欲，遥传万里。

接收传真信号

在接收的一端，又是怎样把电的信号复制成照片的呢？

这个道理就跟我们写字差不多，所不同的是写字是用手握住笔，按住纸，笔尖在纸面上移动。传真则是固定"笔"，挪动纸，让纸在"笔尖"下滑过。当然，这里所说的"笔"，不会是普通的画笔。它是一种奇特的电灯，人们把它叫作"录影灯"。录影灯是把氩、氦、氖、氪、氙等惰性气体充到电灯泡里做成的。

充了惰性气体的电灯发出来的光的强弱，会随着电压高低而变化。用电信号控制这种录影灯，就会使灯光随着信号忽大忽小的变化而时强时弱。这样，我们只要把录影灯光汇聚成一束，让它投射到夹在旋转滚筒上的"收像纸"上，当收像纸用的是照相底片那样的负片纸的时候，强弱变化的灯光将使它顺着次序一点点地曝光。以后再经过显影、定影和冲洗，就跟照相底片一样，可以用来翻印出你所需要的照片了。

看来，现代化的传真技术，其实跟我们平时看书、写字的道理是很相近的。但是，看书要做到"一目十行"，写字要能够"顷刻万言"，实际上是办不到的，而光电管的录影灯的反应却很快，一幅普通的照片，只要几分钟甚至几十秒钟，就可以收发完毕。

无簧无弦生妙音

电子乐器的构造十分别致。大家知道,钢琴、提琴、双簧管等乐器,都以弦、簧、管、膜的机械振动为声源,通过共振机构来发声。而电子乐器既无簧又无弦,它是电子技术和音响效果的综合,声源是由电子元件组成的电子音频振荡器。电波频率越高,声音就越高,频率越低,声音就越低。

电子琴主要通过本身规定好的所要模仿的声音音色(如小提琴、长笛、黑管、竖琴等)的开关,发出模拟声,这个声音的音色在本质上是不会发生变化的,所变化的只是音量、音值的不同并给声音加上颤音、滑音或其他一些非原则上的变化音。所以说电子琴只是通过电声来模拟乐声方面的音响,是我们比较熟悉的平时所听到的乐器所发出的音响模仿。电子合成器用电声来模拟声音却大大超越了乐声范畴,电子合成器不但能模仿一切乐声方面的音色,而且能模拟大自然中的声音以及大自然以外我们没有听到过的声音。它不但包含了像电子琴那样的音色,而且它的功能占大多数的音色是它自己特有的,以致明显地与其他声音相区别。

电子乐器发出的声音柔润、响亮、变化多端,音域宽广。它不仅能模拟松涛、鸟语、山呼海啸以及人的歌声,还能奏出某些特殊的音响,唤起人们的联想。

"卡 拉 OK"

"卡拉 OK"一语是日语的汉语译音。它在日语里是"无人乐队"的意思。

"卡拉 OK"由声音录放系统、喇叭音箱、话筒、混响器等设备组成。同一般收音机相比，它除可供人们欣赏预先录制的音乐节目外，喜欢歌唱的人们可以在该机预先准备的音乐伴奏下，即兴参与演唱。通过话筒输入、混响器等设备的加工会使歌唱者的声音得到润饰、美化，变为优美动听，更具有音乐感染力的歌声。然后，再与预先已经录好的伴奏音乐合并，直接经过机内立体声系统的处理组合，当场播放出既有预录音乐伴奏，又有歌唱者歌声的立体声合成节目。

20 世纪 70 年代中期，"卡拉 OK"在日本出现后很快就在一些小吃店、酒吧等公共娱乐场所普及。这种音响设备，在设计上符合了人类从来就有的一种自我表现、自我参与的本性，打破了音乐茶座那种专人登台演唱，大家只有旁观旁听资格的常规，它可以使不论男女老少、音乐素养高低的歌唱者，都有即兴登台演唱的机会，通过"卡拉 OK"系统，尽情地表现自己的歌唱才能，从而使参与演唱的人获得俨然"歌星"一般的体验。这种设备为一些渴望艺术实践，借此磨砺艺术功力的歌唱者，提供了良好的条件。

"卡拉 OK"病

"卡拉 OK"病是一种因唱"卡拉 OK"过度所引起的声带炎症,医学上叫作"声带疮"。其主要病变和表现是:声带水肿,发生化脓性炎症(疮),引起声带嘶哑,重者还可出现轻度呼吸困难。

如果一时兴起,一曲接一曲引吭高歌,则声带会因难胜其劳而发生充血、水肿,乃至血管破裂,一经感染便发炎生疮,这就是声带疮。倘若演唱环境干燥、封闭、空气混浊、烟雾弥漫,则患病几率更高。另外,"卡拉 OK"是唱歌、观看电视屏幕相结合的一项活动,闪烁的屏幕与黑暗的环境形成强烈的反差,对演唱者的视网膜刺激十分强烈,容易引起眼球充血、视力疲劳、头昏、心悸、血压上升,时间一长,会导致食欲不振、神经衰弱、精神萎靡等。

为了预防"卡拉 OK"病,不要连续唱太多曲目,唱两三首后休息一会儿,至少静息 5 分钟,同时漱漱口,或喝几口水,以保持咽喉湿润;保持室内空气清新,经常通风换气,适当洒些水;不要盲目吃力地模仿歌星,而应根据个人具体条件量力而行;当使用话筒时,不妨用些消毒剂或专用的擦拭话筒的消毒物消毒话筒。

电子游戏与疾病

不久前，美国科学家经分析发现，电子游戏机与诱发性儿童高血压有密切关系。

电子游戏机是各种娱乐场所流行并颇受人喜爱的电子玩具。尤其是各种紧张激烈的对抗竞技游戏更能吸引儿童和青少年。随着人们生活水平的提高，游戏机又先后进入家庭，更使得一些儿童对游戏机入迷而乐此不倦。久而久之，就会影响他们的身体健康。

首先，电子游戏是一种低体耗的静止性游戏，儿童长时间站在那里不活动，不利于健康成长且易造成肩膀僵直、腰椎、颈椎受损；其次，儿童在玩电子游戏时，眼睛长时间盯在闪烁不定的荧光屏上，致使视力受到损害。

美国科学家对巴尔的摩的两所学校的1400多名学生进行了广泛的跟踪调查，测量了他们在玩电子游戏机前、中、后的血压变化，调查了学生家庭的高血压家族史，还比较了电子游戏机出现前后的有关血压资料。结果发现，经常玩游戏机的儿童的紧张性高血压的比例远高于其他儿童；儿童玩游戏机时血压升高的幅度远超过成年人玩同类游戏机的血压升高幅度；而父母患有高血压或心脏病的儿童玩游戏机时，比那些父母血压正常的儿童的血压升高得更快、更多。因此，电子游戏机作为儿童及青少年期高血压的一种诱因，不能不引起人们重视。

电子音响玩具病

　　人的听阈是在 0~80 分贝,听力保护限度是 90~110 分贝,人耳痛阈在 120 分贝以上。而人们适应的音量环境则是在 15~35 分贝,据一些统计证明,60 分贝强度就会破坏人的大脑神经细胞,95~100 分贝的音量就会影响人的听力,140 分贝噪声就会导致耳聋。

　　目前,随着儿童钟爱的音响玩具的不断上市,从而引发的"音响玩具病"也越来越多。

　　据科学家测定:玩具电子机动车发出的噪声在距离 10 厘米内为 82~100 分贝;大型音乐枪在 10 厘米内的噪声值为 74~107 分贝,最大可达 130~140 分贝。

　　处于生长发育阶段的儿童,他们的器官和神经系统都很敏感、娇嫩,故噪声对其危害更为严重,很容易破坏儿童的听力,使内耳听觉器后发生病变,导致听觉丧失,成为噪声性耳聋。同时易造成噪声中毒反应,引发睡眠不宁、神经衰弱、记忆力减退、消化不良、体重减轻、心情烦躁等一系列"音响玩具病"。

　　科学家认为,为了保护听力,最高噪声不可超过 75~90 分贝;为了工作学习不可超过 55~70 分贝;为了休息、睡眠,不可超过 35~50 分贝。每一种情况的低值是理想值,高值是绝对不可超过的值。

有时不宜用手机

随着手机持有者的增多，手机电磁波的覆盖面日趋扩大，使用中遇到的种种麻烦也逐渐暴露了出来。因为在手机接收(发射)信号过程中掠过空中的电磁波会对其他电器设备产生干扰。

美国的一项调查表明，驾车时平均每月使用手机50分钟的司机，出事率比不用手机的司机高5倍。在汽车内使用手机，除了容易分散司机注意力外，还干扰汽车的刹车等电子控制系统的正常工作。

尤其是在飞机上使用手机会危及飞行安全。因为手机会干扰飞机上各种设备和仪器的正常工作。因此，许多民航公司都宣布在飞机上禁止使用手机。

手机对医院里人工心肺机的影响绝对不可忽视。若手机处于关机状态尚可，倘若开机，即使不讲话也足以使60厘米以内的设备运转失灵，在手术进行中出现这种故障的后果不堪设想。

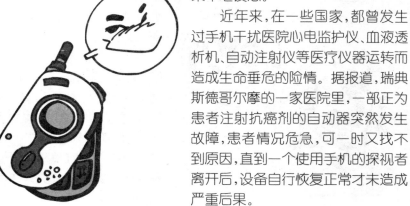

近年来，在一些国家，都曾发生过手机干扰医院心电监护仪、血液透析机、自动注射仪等医疗仪器运转而造成生命垂危的险情。据报道，瑞典斯德哥尔摩的一家医院里，一部正为患者注射抗癌剂的自动器突然发生故障，患者情况危急，可一时又找不到原因，直到一个使用手机的探视者离开后，设备自行恢复正常才未造成严重后果。

跑步时别听广播

　　有些人在清晨跑步锻炼时，总是喜欢边跑步边捧着收音机戴着耳塞收听广播，认为这样做可以节省时间，既进行了体育锻炼，又听了广播，一举两得。其实，这样锻炼只能起到事倍功半的效果，不宜提倡。

　　人脑蕴藏着极大的潜力，人一生中仅用了大脑脑力的 20%，另有 80% 或更多脑力被埋没。据估计人一生中脑细胞可储存的信息量约有 1000 万亿个信息，相当于美国国会图书馆现藏书量 1000 万册的 50 倍，是世界上任何电脑无法比拟的。

　　大脑的潜力尽管大，但是脑细胞的生理特点提示人们必须科学用脑。原来，人的大脑有若干神经中枢，负责各种机能的兴奋与抑制。跑步时指挥肌肉、心、肺新陈代谢功能的有关神经中枢处于兴奋状态。跑步结束后投入工作、学习和生活时，原来指挥跑步的有关神经中枢处于抑制状态，而在跑步时处于抑制状态的神经中枢兴奋性加强，从而提高了工作、学习的效率。如果边跑边听广播来思考问题，就会使主管运动的神经中枢得不到休息。同时，由于兴奋的扩散作用，会使主管运动的神经中枢受到抑制，使锻炼时体内生理变化达不到较高水平而影响锻炼效果，而且注意力不集中极易发生扭伤和相互碰撞的现象。因此，晨练者跑步时最好不要边跑边听广播。

微 波

在日常生活中用于采光照明的是可见光线，随着不同的光波波长，我们可辨别不同的颜色即红、橙、黄、绿、青、蓝、紫七色光；另一种是不可见光线，它位于可见光线的两侧，有短于紫色光波波长的紫外线，或长于红色光波波长的红外线，介于红外线与无线电波之间的一种电磁波它属于不可见光线的范围。

微波是一种高频电磁波，其频率高达 3×10^8 赫到 3×10^{11} 赫，波长为 1 毫米到 1 米。由于其波长较短，因此较其他波段更具有光的特性，能形成反射和折射，并可经电场作用加热物体，用途极为广泛。近十几年来微波技术越来越广泛地应用于工农业、医药、家庭、通信以及军事等各个领域。如微波加热可用于工业生产的各种热加工、农作物干燥及农田除草杀虫等；微波针灸、微波理疗已收到良好疗效。此外，近年来还研究用微波杀灭人体内癌细胞，或用微波测温技术进行恶性肿瘤的早期诊断。微波技术还应用于雷达、微波通信等军事设备，发射功率也日益提高。微波炉也大踏步地走进千家万户，使人们的生活更加方便。实践表明，微波炉对我国大多数传统膳食均可烹饪，诸如炒、炖、烧、烤、煮、熬、煎、爆等均可，其口味与用传统煤炉铁(铝)锅所烹调的相比无明显差异。

微 波 炉

　　家用微波炉通常采用的工作频率为 2450 兆赫。肉类、蔬菜等食品对微波有明显的吸收作用，当它们被放置在微波场中时，其极性分子随微波周期以几十亿次每秒的速度来回摆动及摩擦而产生高热，微波炉正是利用介质这种高速振动，来达到加热的目的。

　　那么，微波炉为什么会产生微波呢？原来，微波炉的心脏——磁控管就是微波的发源地。电源部分将 220 伏的交流电压经整流、滤波成为直流高压，直流高压加在磁控管的阴极和阳极上。阴极发射出来的电子，在强磁场作用下做圆周运动，到达阳极引起振荡，而形成微波，微波再从磁控管上的天线发射，通过波导进入灶腔，完成对食物的加热。

　　研究人员曾经做过这样的试验：用普通烹调法和微波炉烹调法烹饪等量食物，然后测定其中维生素 B1 的含量，结果发现，普通烹调法炖牛肉，维生素 B1 的保存率为 70%～80%，微波烹调法保存率为 81%～86%；烹调蔬菜，普通法维生素 B1 的保存率为 83%，微波法保存率为 91%。另外，据有关资料报道，用微波炉烹饪的食物中，人体必需 8 种氨基酸的损失是微乎其微的。

防止微波泄漏

微波是电磁辐射线中的一种,属于非电离辐射线。非电离辐射线,不管是直接的、间接的都不产生离子的一切类型的辐射线。微波炉使用的微波就属于非电离辐射线。

那么,微波炉是否会对人体健康产生不良影响呢?一般来说,在正确使用合格的微波炉过程中,不会对人体产生有害作用。只有长期接触经微波炉泄漏出来的微波辐射时,才会引起慢性微波辐射症候群。在脱离辐射环境后,可逐渐消失。

为了防止微波泄漏及减少泄漏的影响,必须正确使用和维修保养微波炉。在选购时,主要应查看微波炉的炉门及其观察窗是否密合,开关有否失灵。在安装时,选择通风良好,离墙 15 厘米以外处,微波炉附近不能有电视机、收音机及其天线和引线。使用前需仔细阅读使用说明书,以防错误操作。使用时千万不能取下外罩壳开机,开机后操作者可离开微波炉。经常注意对微波炉的维修和保养,应及时使用软性洗涤剂拭抹沾染在炉体、炉门和观察窗上的水汽、油渍、尘埃、食物残屑等。炉门铰链螺丝松动、跌落和铰链损坏时,必须立即拧紧或调换,炉门不得擅自拆卸。

微波的危害作用

研究表明,微波的生物学作用有以下两种:

热效应——微波对生物体的作用,实际上主要是微波电场与生物组织内分子原有的电场相互作用,使组织分子的动能和势能发生改变并进行能量交换而引起的。当肌体吸收微波能量后,可使组织温度升高,称为微波的热效应。实验发现:含水多的组织吸收微波能量多,产生热量也多,较易受损。

非致热效应——微波的非致热效应能影响人体的神经系统。最常见的是神经衰弱综合征,主要有头晕、头痛、乏力、记忆力减退、失眠、多梦、消瘦和脱发等,并可伴有自主神经功能失调,如手足多汗、心动过速或过缓、窦性心律不齐、血压波动等。女性可有月经周期紊乱,个别男性可能有性机能减退。

尽管微波对人体有着不良影响,但只要在实际工作中做好防护,是完全可以预防的。应加强对微波设备的屏蔽吸收,敷设用石墨粉和水泥的混合物制成的吸收材料,尽可能避免将工作点设在辐射流的正前方,以远离发射源为好,将微波强度控制在卫生标准之内。在一时难以采取其他措施时,可运用个人防护用具,穿戴长度过膝的铝丝或涂银布料制成的防护衣帽;戴用细钢丝网或喷涂二氧化锡薄膜玻璃制成的防护眼镜。

安装空调器

在寒风凛冽的冬天，又冷又干燥，使人感到极不舒适；在燥热难耐的夏天，又热又潮，使人感到疲倦。夏天，打开门窗通风，固然可稍微舒适些，但交通噪声或其他噪声传入房间，会使人感到烦躁。如果是在工业厂区，空气中有较多灰尘、污物和烟雾，某些有毒的烟雾会损害人体健康。有的地区春季或初夏期间空气中有花粉，会使人们出现花粉过敏症等疾患。使用空调器就可使这些问题得到解决。

现代完善的空调系统不仅能制冷而且能够加热，通过恒温器可以把房间温度控制到人们感到舒适所需要的温度。

实验证明，如果从人体散出的热适量，则人感到舒适。空调器能精确地控制空气中水汽含量，使得房间湿度恰到好处。

现代空调系统还装有杀菌灯、空气净化器和空气负离子发生器。净化后根据空气温度通过一个盘管对空气进行加热或冷却，加热量或制冷量由恒温器进行自动控制。然后由恒温器控制除湿或加湿。无菌的、净化的、温度湿度适宜的空气通过负离子发生器对人体发生作用。

空调器一般在卧室、客厅、办公室使用，因此降低空调器噪声是很重要的，否则噪声较大对健康不利。目前已采用高效率、低噪声的离心式空调制冷压缩机。

保养空调器

为了让空调器更好地发挥效力，一定要做好保养工作。

请专职电工或对空调器知识比较熟悉的技术人员帮助拆开外壳，用毛刷或干布对空调器内部的冷凝器、蒸发器、风扇叶、电机等部件进行全面的清扫，最好用吸尘器把内部的尘土吸掉。值得注意的是不要碰坏内部零件和金属散热片，防止风扇叶、散热片等变形，特别是线路中的接头不要脱落或碰断。

空调器在使用过程中，要求1~2个月就要对空气过滤器清洗一次，如在尘土较多的环境中使用，15天就要清洗一次。这是因为尘土很容易将网上的微孔堵塞，使进出风量减少，这样会降低制冷效果。严重的还会导致压缩机发热，压力增大，使压缩机内的电机烧坏，所以必须按规定清洗空气过滤器。

对风扇电机加注润滑油。一般情况下，连续运转的空调器应每年加油1~2次，这样可以减少旋转摩擦力。加注油时，不要随意用力拨动风扇叶，以防风扇叶变形，导致增加噪声，降低效率。

倘若冬天停机，入夏使用时，应通电试机。试空调器过程中，如听到有不正常的噪声，或有异味，应该停机，请专业人员检查、修理。

空调器引起火灾

我们知道，空调器按其功能分为两种类型，一种只能制冷，另一种既制冷又制热。它主要由三部分组成：一是制冷循环系统（用电动机驱动压缩机），二是通风循环系统（包括风扇电机、离心风机和抽流风机等），三是电气控制系统。空调器引起火灾的原因有：安装不符合
安全要求，电源线与电机等接头接触不良或松动，过热打火引燃空调机塑料外壳等可燃物起火；有的选用的导线截面过小造成超负荷起火；有的选用的插头容量过小，导致被击穿，引起短路起火；有的保险丝与空调器容量不匹配，当出现故障时不能迅速熔断引起火灾；电扇电机因故障卡住不转，导致过热起火。此外，空调器正在制热时风扇电机因故障停转，又没有过热保护装置或该装置失灵，电热丝继续通电生热，周围空间的温度便会不断升高，也有可能引燃空调器本身和靠近空调器的可燃物起火；电容器击穿引燃机内衬垫的可燃材料及外壳等起火。电容器被击穿的主要原因一是电源电压过高，二是受潮漏电。电容器材质不好，受潮后绝缘性能降低，漏电电流增大，导致击穿。由于有的空调器内的隔板和衬垫材料是可燃的，电容器击穿后溅出的电火花便会引燃空调器，进而引起火灾。

空调器的防火

预防空调器火灾的主要措施有:

按电气安装规程要求,正确安装。空调器的压缩机是用单相电机作动力,所以工作时电流较大,启动时电流更大。因此必须采用单独专线供电,在线路上要设置25安培的空气开关,导线的截面要大于2.5平方毫米,接地导线的电阻值不应大于0.2欧姆。

空调器要安装一次性熔断温度保护器,使用时可用卡箍将温度保护器紧贴在电容器、电机等限温器件的外壳上,可防止电容器击穿引起温度上升或电机温度过高所引起的火灾事故。

空调器应定时保养检修,对风扇电机加注润滑油,导线接头要牢固可靠,保持各元件的清洁,空调器周围不得存放可燃物。

空调器应安装在不燃构件上,并远离窗帘、木结构等物体,间距不够时,做阻燃处理。

使用前,必须先阅读说明书,检查电源电压是否与空调器工作电压相符,熟悉面板上的各开关旋钮的功能、位置及其作用,再插上电源

插头,开机试用。一般空调器的电源开关为5挡旋钮开关,分别为停、快速、慢速、快制冷、慢制冷,使用时应先把开关置在快速或慢速挡上,让风机正常运转后,再置于快制冷或慢制冷上。制冷过程中,若需要暂停制冷,其两次启动空调器时间间隔要大于3分钟,否则会造成电机过载而烧毁压缩机。

电子盆栽植物

据测定,在一个 10 平方米的房间里,如果门窗紧闭,让 3 人在室内看书,3 个小时后房间温度上升 1.8℃,二氧化碳增加 3 倍,细菌量增加 2 倍,氨的浓度增加 2 倍,灰尘数量增加近 9 倍,难怪清晨从外面进入寝室内,就会感觉空气污浊不新鲜呢!

打开窗户睡觉就会从根本上扭转这种局面。据实验,一个 80 立方米的房间,室内外温差为 15℃,只需 11 分钟就可把室内空气完全更换一遍,即使室内外温差不大,也可以促进空气流通。

在严寒的冬天,不能开窗户通风,在室内栽培植物可以吸收二氧化碳,放出氧气。这在一个世纪前就已被人们所了解,但是最近美国科学家在宇宙飞船密封舱里进行空气纯度研究之后,发现植物不但可以吸收二氧化碳,而且可以清除很多空气中的杂质,不同种类的植物对不同的有害气体有着不同的作用。

不久前,美国科学家发明了一种电子养殖盆,这种花盆在土壤的表面铺一层木炭,盆中间开一个气孔,安装一个小型空气泵,室内的各种污染空气通过叶子的吸收和木炭的过滤,再加上依附在植物根部大量的细菌和微生物的吞食,新鲜的空气即可被小空气泵放出,这样室内的空气就可以流通并保持新鲜。这种电子养殖盆被称为电子盆栽植物和木炭过滤净化室内空气联合系统。

电子鞭炮

在中华民族的传统节日里，人们总喜欢以放鞭炮、点烟花方式来庆祝。然而，鞭炮、烟花产生的火光、爆炸力、噪声严重危及人们的安全、健康及环境保护。

鞭炮中含有硫黄、炭粉、硝酸钾、镁粉、铝粉和合金粉等，在燃烧过程中能产生大量的一氧化碳、二氧化碳、硫氧化物、氮氧化物及金属氧化物等有害气体和炭黑、二氧化矽、硫等有毒粉尘。据资料表明，燃放鞭炮时放出的有毒气体的粉尘，可使人得气管炎、支气管哮喘、肺气肿、鼻炎、咽喉炎、头痛、头晕等症。不仅如此，它燃放时所产生的噪声高达 90 分贝以上，对病人、老人、婴儿，尤其是心脏病人都非常有害。

于是，一种安全、无污染、有光有声的"仿真电子声光爆竹"应运而生，并将逐步取代传统爆竹。电子鞭炮使节日更文明、安全、卫生了，如北京研制出"声光同步电子鞭炮"，它采用红色常规鞭炮外形，用线织成挂鞭形状，鞭炮内装有高亮度物质，局部装有电频闪光灯，接通电源后，便会发出"啪、啪、啪"的模拟爆竹声，犹如真景。

我国许多大中城市先后颁布了禁止燃放鞭炮的规定，而运用电子声光爆竹，既避免了传统爆竹的缺点，又起到了烘托节日气氛的作用。

负离子发生器

目前市场上出售的空气负离子发生器属于高压电晕式,发生器性能的主要指标是出口处负离子浓度。保健用的一般达到每立方厘米空气中 1 万个即可,而治疗用的需达到每立方厘米空气中 100 万个或 1000 万个。

必须知道,负离子浓度随离子发生器距离的增加而骤然下降,一般到 2 米时只剩原始浓度的百分之几或更少。负离子在空气中不会无限增多,也不会长期停留,而是不断产生,不断消亡。在清洁空气中,一般寿命为 4~5 分钟,在污浊的人气中仅 1 分钟。因此,在使用发生器时,应将出口尽量靠近人的呼吸带。

发生器开放时间的长短,没有严格规定,作治疗用时,一般每次放 20~30 分钟,每天 1~2 次或更多,视病情和反应自行掌握。一般说,不会有任何反应和副作用。

负离子发生器是一种小型电器,它对使用环境的要求与一般家用电器类似,在无潮湿、无腐蚀性气体的环境均可使用,使用发生器时,要注意定期保养,一般正常使用 1~2 个月后,应清除其内部针形电极上附着的灰尘,此时一定要切断电源,以免发生危险,平时也不要用湿布或湿手擦摸正在工作的发生器,以免发生触电事故。在搬移发生器时要轻拿轻放,以防磕碰或摔坏发生器的塑料外壳及内部组件。

一氧化碳报警器

　　一氧化碳是一种无色、无味、无臭的气体,比空气略轻。一氧化碳为什么能使人死亡,主要因为一氧化碳进入血液,迅速与红血球中的血红蛋白相结合,形成一氧化碳血红蛋白。这样,氧气就无法和血红蛋白结合,因而不能向人体组织供氧,于是引起缺氧窒息。中毒刚开始,有头晕、头痛、耳鸣、眼花、四肢无力、全身不适,渐渐上述症状加重,并出现恶心、呕吐、心中紧迫烦闷,继之昏睡、意志慢慢丧失,呼吸困难、血压下降。当血液中一氧化碳血红蛋白的浓度达到 70%～80% 时,人就会迅速死亡。

　　日本研制出一种袖珍一氧化碳报警器。机体小巧玲珑,重量只有350 克,大小与香烟盒相似。

　　一氧化碳在空气中含有 0.4% 时, 几分钟之内, 就会使人中毒死亡。因此,通常在生产场所,为了保障人们的生命安全,空气中一氧化碳的含量不得超过 0.0016%。袖珍一氧化碳报警器有两个用途:一是可以监测家庭生活环境中一氧化碳的含量,并自动显示出浓度指标;二是当空气中一氧化碳的浓度达到 0.0005% 时,它的蜂鸣器就会发出间断性的响声。当空气中一氧化碳的浓度达到更高的危险浓度时,就会发出连续警报,以提醒人们及时采取措施,预报一氧化碳中毒。

离子感烟探测器

随着城市的现代化，高楼大厦越来越多，在这种高层建筑中，一旦发生火灾，蔓延极快，烟火在垂直方向上流动速度可达每秒几米，几分钟内就可腾冲上十层、几十层的高楼。

为此，人们十分重视大城市的火灾报警，在形形色色的现代火灾探测器中，最有前途的是放射性同位素镅－241"离子感烟式探测器"。这种探测器的原理很简单：镅－241 可以不断地放出 × 射线，射线使空气分子电离成正负离子，在电压的作用下，空气离子导电产生一定大小的电离电流。一旦室内出现火情，产生的烟雾微小粒子把空气离子吸附在自己的周围，使离子的运动速度大大减小，从而改变电离电流的大小。这个变化转换成声光信号，就可以达到报警的目的。整个探测器是很小的，犹如一个精巧的乳白色的茶杯，镶嵌在天花板上，这个小小的"哨兵"，日夜监视着几十到一百平方米房间内的火情。大厦里每个房间的火警探测器都把信号集中传送到控制室，有的装置不仅可以及时发出警报和指示火警目标，而且可以自动启动电视监视系统，自动启动火灾房间里的灭火装置，自动关闭门窗以隔绝空气等。

监视火情的哨兵

　　消防科技人员研制成功一种叫热释电电视摄像机的仪器，也就是红外热电视，可以用来探测火源，检查火灾隐患，对火灾进行监视和及时报警，被人们誉为"监视火情的哨兵"。

　　红外热电视摄像机，依靠被摄物体发出的红外线来摄像，被摄物体的温度越高，发生的红外线越强，拍摄出的图像也就越清晰，利用这个特性，红外热电视就能不受烟雾、阴云和风雨等各种自然条件的限制，非常灵敏地对各种火情进行检查，把火灾消灭在刚刚露头的时候。红外热电视可以做得很小、很轻，携带方便。这样就能用它来对一些可能存在火灾隐患的场所(如木材厂木材加工车间、纺织厂的棉花堆、卷烟厂的烟垛等)，随时进行检查，看看有没有暗火或者内部温度升高的情况。

　　红外热电视还可以对一个地区或者一个城市进行火灾监视和报警。一台比较成熟的红外电视摄像机，加上大视角的镜头，可以监视5～6平方千米范围内的火情。

　　红外热电视摄像机配上火灾识别器、自动跟踪系统、搜索机构和望远镜，就构成了一种新型的"城市火情自动监控系统"。

红外线

红外线是一种看不见的光线，它的波长比红光更长。凡是热的物体，只要它不是绝对零度，就都能辐射出这种看不见的红外线，红外线射到物体上最明显的效果是产生热。冬天当你在烧红的炉子旁边烤火时，就是因为有大量的红外线从炉里射到你的身上，你就感到热乎乎的了。红外线的波长比一切可见光的波长都长，所以它好像有一条方便的长腿，几乎能绕过一切障碍，就是浓雾也能穿过。

波长在0.75~1.5微米的称近红外线；在1.5~5.6微米的叫中红外线；在5.6~1000微米的为远红外线。有机物对红外线具有高而强的吸收带。尤其对于6~13微米波长的远红外线更能急剧地吸收。这是因为它能引起激烈的分子共振，使有机物体内部温度升高，并且高过体表。远红外线烘干，以及在烘干谷物时能将混在谷粒中的病虫杀死就是这个原理。

人也是一种有机体。冬天，人们在灯光下，由于红外线被我们穿着的厚厚棉衣、绒衣挡住了，只有小部分裸露的脸、手能吸收些红外线，夏天，人们穿单衣，吸收红外线就多了，就会感到更热，尤其是在一些红外线辐射强度较大的红橙光下，或在能产生与人体分子强烈共振的灯光下工作，更会感到难受。

响尾蛇猎捕小动物

　　响尾蛇经常捕捉老鼠等小动物作为食物。奇怪的是,它的眼睛已经退化得快要成为瞎子了,怎么还能捉住行动那么敏捷的老鼠呢?

　　科学家们发现,响尾蛇的两只眼睛的前下方,都有一个凹下去的小窝,经过研究,才知道这是一种特殊的器官——探热器,能够接受动物身上发出来的热线——红外线。红外线是波长比可见光线长的电磁波,在光谱上位于红色光的外侧。这种探热器反应非常灵敏,温度差别只有1‰,它就能感觉到。所以只要有小动物在旁边经过,响尾蛇就能立刻发觉,悄悄地爬过去,并且准确地判断出那个猎物的方向和距离,蹿过去把它咬住。

　　现在有一种"响尾蛇空对空导弹",上面有一套"红外导引"装置,

就是从响尾蛇的"探热器"得到的启发,飞机飞行时发动机温度很高,也就是说,它发出很强的红外线,响尾蛇空对空导弹靠着"红外导引"装置,能够自动地跟踪发出红外线的敌机,直到把它击中。

　　目前,人们制造的"红外导引"装置只能感应5‰温度的差别,而且构造相当复杂。

紫外线杀菌消毒

紫外线是波长比可见光短的电磁波。紫外线的杀菌力优于大部分常规消毒剂。紫外线能破坏水中菌体的脱氧核糖核酸的结构，使之无法与蛋白体交联，造成细菌的大量毙命。实验表明，在玻璃器皿中放入20万个大肠杆菌，经紫外线照射10多秒钟后，即可全部杀死，对于痢疾杆菌、伤寒杆菌等，紫外线也具有同
等的杀灭效力。而使用氯化法消毒，消毒剂与饮用水的接触时间至少30分钟。此外，紫外线消毒无须向水中添加任何化学物质，也不致使水产生异味，因此它是最洁净的消毒手段。目前紫外线消毒在各饮料厂、各大宾馆饭店的饮水系统和高层建筑二次供水系统广泛使用，并在医院、光学仪器制造、养猪、养鸡业中大显神通。

不过，医院手术室、烧伤病房、婴儿室等场所用于空气消毒的紫外线，在消毒、杀菌的同时，还产生对人体健康有害的臭氧。原来，紫外线灯的杀菌作用，取决于紫外线灯的辐射强度与照射时间。为保证其杀菌效果，近几年来普遍使用高强度紫外线杀菌灯。但是，由于这种紫外线灯工作时有极强的紫外线辐射，把空气中的氧原子电离成为臭氧，提高了空气中的臭氧浓度，臭氧对人的眼睛、呼吸道及其他黏膜有严重的损害。人们如果长时间地在臭氧环境下工作或生活，会引起头昏、恶心、呕吐，严重者还会出现记忆力减退。我国科学工作者经过努力，选用掺钛石英玻璃作为灯管材料，制成了无臭氧石英紫外线杀菌灯。

紫外线灭虫

　　夏天，为防御蚊虫的叮咬，我们的防御方法一般是使用让人很不舒服的黏性的喷雾剂、呛人的熏蒸剂、难闻的防虫剂。但是，如果用黑光(紫外线)杀虫器，就不会使人感到不舒服。

　　许多昆虫都有趋光性，能被紫外线吸引。一个紫外线光源加上一些捕捉或杀死害虫的器具，就构成了一个灭虫器。紫外线灭虫灯有两类：一类是黑光，另一类是黑蓝光。所不同的是黑蓝光灯用不同的玻璃，滤掉了大部分可见光。家蝇趋向于停在黑蓝光灯上，科学实验证明：电灯功率越大，对昆虫越有吸引力，但是并不是成正比例。30瓦的灯比15瓦高2倍，吸引的昆虫比15瓦的多，但是不可能有2倍那么多。

　　电子灭虫器不需要什么维护，但是每季度应该把栅网和灯清扫一次。如果栅网上出现连续的电弧，那就该清扫了。灭虫器要吸引昆虫，就要把它装在保护区外6米处；而且不要把它放在正对太阳的方向。

　　还必须考虑另外一个因素：保护区如果有其他光源，灭虫灯就应当选用大于保护区光源的更大功率的灭虫器。电子灭虫灯应该放在保护区和虫子群集的地区之间，一定要保证，没有浅色的墙和离子反射光线，否则会把飞虫引到你正要保护的区域。

桌面上的照度

　　学生几乎每天晚上都在看书或做作业。那么,究竟什么样的桌面照度合适呢?

　　一般 40 瓦日光灯距离桌面高度为 145 厘米;30 瓦为 140 厘米;20 瓦为 110 厘米;15 瓦为 65 厘米;8 瓦为 55 厘米。白炽灯 60 瓦灯光距离桌面高度应为 105 厘米;40 瓦为 60 厘米;25 瓦为 45 厘米;15 瓦为 25 厘米。为了保持灯管(泡)有足够的亮度,旧灯管(泡)使用一定时间要调换,要经常保持灯的清洁。另外,灯罩的颜色也很重要,它不仅是一种装饰,还影响视力的保健。用来看书写字的灯,颜色以淡绿、湖蓝、白色为好。

　　人们还常提到这样一个问题:室内到底是日光灯照明好,还是白炽灯照明好呢?这就涉及到灯光的颜色。日光灯的颜色呈青白色,接近于白天的自然光。由于人们长期适应日光照明的缘故,所以在日光灯下学习效率较高。白炽灯呈橙黄色,虽与白昼光线不太协调,但使人感到温暖,比日光灯要舒适些。当然,这要根据个人的爱好来选择。从保护视力的角度来看,整个室内照明用日光灯,桌面照明用白炽灯较好。一般日光灯照明红光有余,青光不足。这样兼而并用,可互相取长补短,弥补两者的不足。

日光灯照明

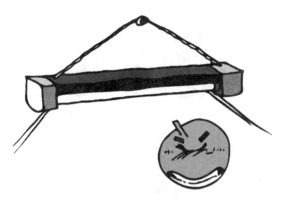

日光灯主要由灯管、整流器和启辉器组成。整流器是一个具有铁芯的电感线圈，它的额定功率必须与灯管的功率相等。不然，不是灯不亮就是烧坏灯管或其他零件。启辉器也叫继电器或启动器，起着自动开关的作用。

日光灯像其他的气体放电光源一样，存在着频闪效应。所谓频闪效应就是随着电源电压和电流的周期性变化，日光灯所发出的光也随着发生周期性变化。但这种周期性变化，人的眼睛一般是感觉不出来的，它对于儿童读书和做作业也没有什么影响。

对于生产照明来说，有些地方是应该考虑频闪效应的。当被照物体处于转动状态，由于频闪效应的影响，使转动的物体看上去像不转动一样，容易使人发生视觉错误而带来不利影响。因此，工厂的机器加工车间或有旋转机器的场所，不宜用日光灯。

剑桥大学医学研究中心应用心理学博士阿诺德·威尔基斯认为，日光灯是引起偏头痛的主要原因。虽然人们看不见日光灯的闪烁，但这种确实存在的闪烁在不断地影响我们的眼睛。因此，长时间生活在日光灯的房间里，人们的眼睛会感到疲劳，并引起偏头痛。有时，还会导致心率过速。他建议，日光灯应由现代化的白炽灯所代替。

提高照明质量

一是合适的照明度。如果灯泡瓦数太小，照明度太低，为了辨别清楚物体的形状细节，就得缩短视距，久之会引起近视。

二是足够的空间亮度。有时出于经济考虑，采用的灯泡功率小，或者只用一个台灯，这样会使室内照明度不均。而人们在住室内活动是多种多样的，视线不能总固定在一个地方，在照明度相差悬殊的情况下，频繁调节视距容易引起眼睛疲劳。

三是避免眩光。按照明度设计标准规定，灯罩应有一定保护角。当灯位高于视平线时，保护角不应小于30度，低于视平线时不应小于10度。裸露的白炽光灯泡，其表面亮度很高，功率越大亮度越高，这种极高的光亮点出现在视野内，会使眼睛受到损害。选择灯罩时以深罩型较好，平盘型灯罩灯泡外露，没有保护角而有眩光，不宜采用。

四是光照气氛和光色。灯具往往是室内的一个陈设，起装饰作用。当你选用灯具时，不宜拘泥于灯具本身的造型，而重要的是光照气氛。此外，不同光源有不同的光色，普通白炽灯泡发出暖黄色光，一般荧光灯带冷色。暖色灯光会使室内红、黄色更加鲜艳，而使蓝绿色变灰；而荧光灯使蓝、绿色得到加强，使红黄色带点紫灰。我们可根据房间、墙、地面、家具及窗帘的色彩选用合适的光源。

触电的电流强度

电流是触电伤害人身的直接因素。电流强度越大,触电伤害程度越严重。根据电流强度不同对人产生不同程度的伤害,可以把人身触电的电流强度划分为5种情况。

感知电流:当电流通过人体时,能使人感觉到的最小电流强度叫感知电流。

反应电流:能使人引起痛觉,并不由自主地产生反应的触电电流称为反应电流。

摆脱电流:触电时,人能自主地摆脱的最大电流叫摆脱电流,一般成年男性在10毫安左右,成年女性在7毫安左右。儿童的摆脱电流值更小。当人体通过的电流强度超过摆脱电流时,人就不容易摆脱电源。

安全电流:当人体触电的电流强度在11~30毫安时,若通电时间较短,人的生命不会有危险,因此把30毫安称为人身触电的安全电流。但应注意的是,通过动物实验可知:随着通电时间的增长,人身的骨骼肌强烈收缩,呼吸逐渐减弱,心跳速度减慢,人体逐渐缺少氧气,触电的人最后也会产生心室颤动或窒息。因此说,人身长时间地通过安全电流也有生命危险。

致命电流:当电流强度增大到一定值后,即使人体短时间的通电,也会危及生命,我们把这一电流(30毫安以上)叫致命电流。

手脚潮湿与触电

流经人体的电流强度也跟人体电阻直接有关。人体中的电阻有多大呢？据科学家们测试，大体为4万～10万欧姆，其中皮肤的电阻最大，约占人体总电阻的95%以上。人体各部位的电阻大小是不同的。人触电时与带电体接触的往往是皮肤，而皮肤的电阻（即使同一个人）在不同情况下差异很大；冬天皮肤干燥，其电阻可在5万～10万欧姆，甚至更高。这种情况下触电，对人的危害则轻一些。春夏季皮肤潮湿，电阻会降到1000欧姆。当人体的皮肤破裂、损伤或沾有铜屑、铁屑之类的导电粉末时，人体的电阻会骤然下降。倘若人受雨淋或大量出汗，皮肤的电阻会降至500欧姆，甚至更低。这时，就是30～40伏的交流电触电也可使人丧命。因此，当人的手脚潮湿（鞋子也弄湿）的情况下，碰触带电体就特别危险。人体电阻最大的是骨骼，其次是肌腱、皮肤、肌肉等，电阻最小的是内脏、血管、神经。

人触电时，电流穿过皮肤，大部分沿体内电阻较小部位如血管、神经组织流动。电流所经之处，组织细胞会受到严重的破坏或杀死。电流通过人体内不同途径或器官，会产生不同的后果：通过脑子，会造成脑细胞严重损害，中枢神经麻痹，呼吸停止；通过脊髓，会使人瘫痪；通过心脏，会使心室纤颤，心脏停止跳动。

带电操作

　　人体受触电伤害，是由于人体通过了较强的电流所致。那么，在什么条件下人体才会通过较强的电流呢?电流强度的大小，决定于人体不同部位间承受电压的高低(电位差)以及人体跟导电体的绝缘程度和人体电阻。当人体接触到电位比大地高得多的带电体，或人体不同部位分别接触电位高低相差较大的带电体时，就会有电流通过人身。犹如水管总是从高处往低处流，电流也总是从高电位向低电位流动，而且电位差越大，触电电流也越大。

　　农村中发生的触电事故大多是单相触电，即在人体间承受相线跟大地(或地线)间的电压，这个电压一般为 220 伏，已属危险电压。根据实验和科学分析，一般场所的安全电压 36 伏，潮湿场所的安全电压为 12 伏。当电压在安全电压以下时，人体即使碰触带电体，也不会发生人身伤亡事故。

　　当人体不同部位(如左右手)分别触及交流电的两根相线(火线)时，人体所承受的电压是两相间的电压即线电压，其大小约 380 伏，比相线对地电压(相电压)高，因此人身两相触电比单相触电对生命的危害更为严重，死亡率更高。

　　如当人穿有耐压很高的绝缘鞋时，用手接触低电压电力线的相线(身体其余部分不与别的物体相碰)，这时人体各处都处于同一电位，就不会发生触电事故。带电操作者就是这样进行工作的。

抢救触电的人

　　触电是一种意外的事故，如果不及时抢救，肌体各器官和组织将出现一系列严重的生化和病理改变，甚至导致死亡。

　　近年来，家用电器设备迅速增多，有些人对电器设备的性能不熟悉，就自己修理电视机、电风扇等；有的孩子随意玩弄电器设备，乱动收音机、电视机的开关以及各种电器设备的插座、插销，甚至切割电线，以致发生触电。再就是有些电器设备出现漏电现象。例如，洗衣机是和水打交道的，而水又是电的良导体，若电气设备的绝缘包装损坏，则容易漏电伤人。年久失修的旧宅，房屋内的一些电门开关已经损坏，一些电线已经磨破缺损或绝缘材料恶化，触电事故多发生在开关电门或接拔插销的时候。

　　一旦发生触电事故，要及时用合理的方法抢救。我们知道，电流通过人体的时间越长，对人的危害越大。因此，当发现触电的人后，要想方设法使触电者脱离电流。方法是迅速关闭电门，将保险盒打开，跳开总电闸更好。如果离电门、保险盒、总电闸远，应用绝缘的木棍、竹竿、拐棍等将电线挑开。救护人员千万不可用手去拉触电人，否则，不但救不了触电人，自己还会触电。触电者被救下后，如果呼吸、心跳已经停止，要立即进行口对口的人工呼吸和心脏按压，两者要密切配合，要坚持不懈地进行，最好能坚持4小时以上。

电休克的因素

电击死亡的原因很多。在心脏舒张期，25～75毫安的低压电流便可引起心跳停止。75毫安至3安培的电流可引起心脏震颤而死。电流通过呼吸中枢导致呼吸停止。此外，电烧伤本身也可引起死亡。

最常见的触电死亡原因是电休克。引起电休克的因素主要有下列几种：

一是电流的变化。交流电较直流电危险大，低压电较高压电危险大。据统计，在触电事故中650伏以上的电流造成的休克中有63%可以复苏，而由低伏电流造成的休克仅有39%可以救活。

二是电流通过人体的部位。电流如果通过心肺或脑时最危险。一个很强的电流从下肢经过脚通到地面可能不发生电伤或仅引起轻微的损伤；而一个较弱的电流如果从头部经过心脏由下肢输出则可引起致命性心律不齐。

三是触电时间长短。触电时间愈长，愈容易引起心房震颤。例如，一个人手持一根铅丝，一端拴着一个铁环，另一端缠在左手腕上，然后用力往2.3万伏高压线上掷去。铅丝瞬间熔化，左腕呈严重电烧伤，深达腕骨，但人不会死亡。因为造成短路时间仅为0.1秒。如果高压电流作用身体时间稍长，则会引起死亡。

漏电保安器

近年来，我国触电保护技术研究和应用取得了迅速进展，各种类型的漏电保护装置开始进入家庭。专家认为：家用漏电保护装置应选用电流型漏电保安器，它的内部结构较为复杂，但灵敏可靠。例如LDB-1型漏电保安器，它是220伏、10安培的电流型保安器，额定漏电动作电流为30毫安，安装方便。在电器设备漏电达到30毫安或人体触电时，它能在0.1秒内自动断开电源，避免事故发生，漏电保安器外壳上的开关也随即跳下，恢复用电时，合上开关即可。

购买漏电保安器时，要选用通过国家质量监督检验部门认定的合格产品，同时，要根据实际用电需要，考虑额定电流数值。

使用时注意以下几点：

市场上常见的漏电保安器，结构设计简单，一般无短路保护(省掉电磁脱扣机构)，也无过载保护(省掉双金属片脱扣机构)。因此，这类漏电保安器对所有家用电器的过载、短路，以至烧毁，均不起任何保护作用。

人体触电，如是电源火线与电源中性线自成回路，漏电保安器也不起任何保护作用。

漏电保安器也是一种电器，同样免不了出现故障失灵的时候。平时也要注意维护，每隔一段时间也需要按动"试验按钮"，以确定漏电保安器是否工作正常。

浸水断电器

美国每年因使用家用电器而发生的触电事故中,有相当一部分是由于家用电器落入注满水的水池或浴盆中引起的。人们常常在浴室中使用吹风机整理头发,所以,吹风机不慎落入浴盆的事时有发生。这时,如入水打捞,立刻就会触电,严重的可导致死亡。当然,危险还不仅限于吹风机。人们有时竟将还插着电源的咖啡壶放在水槽中冲洗,也有触电的危险。电烤箱、收音机、家用食品搅拌机以及其他家用电器,均可导致类似事故的发生。

不久前,一种可以防止家用电器触电的新装置在美国研制成功,并推向市场。这种被称为"浸水断电器"的装置可在电器落入水中时立刻切断电源,防止触电事故发生。

浸水断电器为什么能在家用电器浸水的瞬间将电源切断呢?原来,这种装置安在家用电器的电源线插头上,它装有一个半导体控制整流器的线路板。一旦电器落入水中,装在电器外的传感线就会被浸湿,电流从通电线传到传感线,打开线路板上的半导体控制整流开关,切断电源,避免触电事故发生。

浸水断电器内还装有一个复位机械,可多次使用,只要将电器从水中捞出擦干后即可复位。

"一线一地制"接线法

　　有的农户,在农忙时节,把临时电灯安装在场院;或者在灭虫季节,把黑光诱虫灯安装在地头。有人为了图省事、省料,只把火线接入灯头,并从灯头另外引出一根线缠在一根铁棍上,再把铁棍插入地下,连成所谓的"一线一地制"的接线法。这样做是非常危险的,必须严格禁止。

　　我们知道,电流要流动就必须形成一个闭合回路,照明电路中采用的是两线制的接线法,即由火线来通过电器再由地线流回去。而"一线一地制"没有专门往回流的线,这样可能发生以下危险:

　　第一,与铁棍缠绕的导线万一脱落,一碰上导线电流会经人体流入大地,造成触电事故。

　　第二,如果铁棍被人拔起,等于直接接触火线,导致电流流经人体,与大地形成回路而发生触电。

　　第三,如果铁棍与大地接触不良,将造成很大的接地电阻,这时会以铁棍接地处为中心,在其周围形成跨步电压,倘若未穿绝缘鞋,极容易酿成触电事故,甚至会发生生命危险。

　　所以,安装照明电路时,严禁采用"一线一地制"的接线方法。

电线不能超负荷

为了使电线不至于过度发热，人们对不同规格的电线，规定了不同的安全载流量。

电线超负荷就是指通过

电线的电流超过了安全载流量。因为电流在电线里的发热量是和电流的平方成正比的，如果电流增加2倍，发热量便增加到原来的4倍，超负荷严重时，将会使整根电线的可燃绝缘层全部烧起来，并引燃附近的可燃物而造成火灾。

电线超负荷的主要原因是：新装线路时，电线选得太细，通过电线的电流超过了安全载流量；在原有的线路上，任意增加或调大用电设备；线路或电气设备的绝缘损坏，发生严重的漏电或短路碰线的情况，使通过电线的电流大大超过安全载流量；保险丝选用得不适当。

防止电线超负荷，应注意下列各点：根据用电负荷的多少，选用适当粗细的电线，在原有线路上，不应任意增加或调大用电设备；线路应按照规程安装，防止因绝缘损坏而发生漏电或短路碰线事故；经常检查线路负荷和绝缘的情况，发现问题，及时解决；保护线路或设备用的保险丝要选择适当，万一电线超负荷到一定程度时，保险丝会自动熔断，及时切断电流，防止发生事故，不应将保险丝任意调粗。

家电装保安接地线

电风扇、电冰箱、洗衣机等家用电器的金属外壳上都有一根导线插入地下,把电气设备与大地连接起来(接地)使用才安全。电风扇、电冰箱、洗衣机等各种电器设备里的导体虽有绝缘物保护着,但也有老化、破损的可能。这样,电就要泄漏到外壳上来,人体一接触带电的外壳就要发生触

电事故。交流电流如超过 20 毫安,电压超过 36 伏,就会危及人的生命安全。通常家用电器使用的电压为 220 伏,比 36 伏高得多。而电流的大小与电压的高低成正比,即电压愈高,电流就越大。如果将电器设备的金属外壳接地,就可以将泄漏的电流引向大地,保障人体安全。目前,城乡许多住房的照明线路,一般没有装保安接地线,因此有的人就干脆把家用电器的接地线(与外壳相连的线)拆除。还有些人错误地把电器的接地线与电源零线接在一起。前一种做法,由于失去安全保护,一旦电器绝缘损坏,就会酿成触电事故。电器外壳接电源的零线同样是不安全的,因为外壳与火线连接时,往往把装接在零线上的保险丝熔断,零线也就起不到保护作用。有时由于线路维修,火线与零线可能接错,这样就会使电器外壳直接接火线,造成触电事故。

家用电器接地

专用接地线的接地，可接在自来水管上，但各种自来水管的接地电阻不一样，所以需实测自来水管与零线间电阻，根据测得的电阻，即可用欧姆定律算出短路电流，再考虑家庭用电量大小以选择相应额定电流的熔丝。从自来水管接出的专用接地线，连接应可靠，最好是焊接，也可将电线剥去绝缘层，多道缠绕在水管上，并牢牢扎紧。如果自来水管与零线间实测电阻很大，例如超过 100 欧姆，这种水管就不宜作为接地体使用。

自制接地体的方法是：在房屋附近，选择人畜不易到达而土质又较潮湿的地方，将 30 毫米×4 毫米的扁钢（长度 1 米左右）打入地下0.5～0.7 米处，或用长 1 米左右的 20 毫米×4 毫米的扁钢，水平埋入地下 0.5～0.7 米处，接地体的引出线可用直径为 6 毫米的圆钢，并与接地体焊接后引入屋内。

接线时，应注意接地线需接在圆插座最粗的插孔（接地插孔），家用电器接外壳的线需接在插头最粗的那只脚上（接地插脚）。

尽管一般家用电器都需要接地，但进口的彩色电视机千万不要接地线。进口彩色电视机大多采用这种不隔离式，接地线容易烧坏电视机。

家用电器磁场

　　一般的家用电器产生的电磁辐射都很弱。以往卫生学家和工程师们仅仅注意大强度的射频、微波电磁场效应，但随着研究的不断深入，科学家们发现低频率的电磁场的效应仍然不容忽视。从 20 世纪 70 年代末期以来，美国学者发现白血病的发生与 60 赫兹的工频电磁场有关，还看到胎儿生长迟缓或流产率增高与孕妇使用电热毯和较多使用视频显示终端有关。目前科学家们正逐步将重心移到对弱电磁场的远期致癌和遗传效应方面的研究。

　　但也不必忧心忡忡。远在人们发明电以前，地球上的电磁场就一直存在，不过这种自然的电磁场很弱，人类进化对此早已适应了。发明电以后，尤其无线电技术的崛起，使地球上的人为电磁场成倍地增加。在一些发达国家，有人称它为"城市的第五公害"。科学家经过几十年的努力，制定了射频微波的安全标准，目的就在于制服这一公害。一般来说，在安全标准值以下，对人体危害极小，可视为安全。

　　电磁场对人体的影响，尤其是弱电磁场效应，是经大量人群调查后得出的一个统计学特征，并不是说，孕妇受到一次电磁辐射，就一定会产生危害，就会导致胎儿畸形。从目前来看，孕妇避免不必要的电磁辐射是应当的，如避免使用电热毯、视频显示终端等。

家庭用电有几忌

一忌外行人检修。电器线路或电源线损坏不能使用时，切忌外行人不懂装懂检修。

二忌带电检修。懂得修理电器的人，检测某一电器故障或抢修时，切忌麻痹大意，一定要切断电源。

三忌湿布、湿手接触电器。对各种正在运行和操作的电器，切忌赤脚、湿手、湿布接触和擦拭外壳。

四忌乱接电线。在室内切忌乱拉、乱接电源线，更禁止使用裸露线、旧损线或断接处未包裹的残旧线。

五忌代用保险丝。各类电器的保险丝，都和电器最大负载电流相适应，一旦保险丝烧断，切忌随便用铁丝或钢丝乱"凑合"，以防损坏电器。

六忌电线当"晒竿"。凡室内外的照明线，电器外接线，都不能当晒衣物、挂东西的"晒竿"用，以防挂断或损伤电线，造成意外事故。

七忌人离电不关。如有急事要离开正在运行或操作的电器(除电冰箱、电饭锅外)，都应关掉开关，拔掉插头，以防不能及时回来，使电器通电时间太长，而损坏电器。

八忌发生事故心慌意乱。万一发生触电事故，切忌用手去拉人或拉电线，应赶快切断电源线。

收录机的"噼啪"声

一些半导体收音机在使用一段时间后（或气候干燥时），出现"噼啪"响的噪声，其特点是仅仅在调选电台时发生。产生该噪声的原因是：机内密封双连可变电容器的动片与塑料薄膜在旋转摩擦中积累了静电，静电放电的火花干扰经过收音机放大电路逐级放大，最后通过喇叭发出噪声。消除的办法是对双连可变电容器进行消除静电处理，可用脱脂棉球沾一些无水酒精，滴在双连可变电容器的 4 个固定螺孔内，再将调谐旋钮反复旋转几次，如果发现刻度盘上电台的位置有变化也不要紧，待几分钟后酒精挥发干净，电台位置便会恢复正常，"噼啪"声也随之消除了。

有的录音机在放录音时，每隔数秒钟就会产生"啪"的一声，某些双卡机在转录时，还把这种讨厌的声音转录过去。产生"啪"声的原因是录音机的塑料主导惯性轮与皮带摩擦产生并积累了静电，由惯性轮边缘向附近金属部件放电产生的火花干扰。补救的办法是：在主导惯性轮的侧面涂一点儿头油或在惯性轮附近的金属部件上涂一点清漆以避免放电。

家用电器的静电

电风扇、排风扇的塑料扇叶与空气摩擦一段时间会产生带正荷的静电风,静电风有可能导致人体带电。据实验,人体带电4000伏以下,尚无感觉;当人体静电压超过4000伏时,人可以产生烦躁不安和头痛的感觉。因此,国外已公认全塑料风扇对老人及小孩身体有不良影响。此外,正电荷的静风会中和掉空气中的负离子,空气负离子被称作空气维生素,也是人体健康所必需的。例如,在装空调器的封闭房间内,室内外的空气交换均通过风扇进行,空气中的负离子几乎下降到零,人长期在这种环境中工作,就会害"空调病",人的生理活动会发生障碍。解决的方法是在电扇扇叶等处喷涂防静电漆。因此,最好购买金属扇叶的电风扇,扇叶表面喷漆产生的静电较少。选择家用空调器时,则应当选择那种配备空气负离子发生器的新型产品。

电视机,特别是大屏幕彩色电视机,它的显像管电子枪发射的电子束作用于荧光屏,可使荧光屏表面及其附近的空气带上电压较高的静电,空气中的尘埃也因此成为带电微粒。这种携带大量微生物和变态粒子的带电微粒,极容易吸附在人的脸部皮肤及毛孔之中,如不及时清除掉,就可能刺激脸上长出黑色斑疹。克服的办法有两个:一是看完电视要用肥皂洗脸;二是优先选购装有防护玻璃的电视。

家电的噪声

据科学家测定：收录机的噪声达 50~90 分贝；洗衣机为 50~80 分贝；电视机为 60~83 分贝；电冰箱为 50~90 分贝；电风扇为 42~70 分贝；电吹风为 59~90 分贝；吸尘器为 63~85 分贝；空调器为 50~67 分贝；换气扇为 50~70 分贝；抽油烟机为 65~78 分贝……这些家电产生的噪声虽然大部分不属于强噪声，但几乎都超过了 42 分贝的国际居室噪声标准。这些家电噪声，影响了休息和健康，尤其是对儿童危害更大。

医学专家认为，家庭噪声是造成儿童成为听障人士的病因之一。据临床医学资料统计，若在 80 分贝以上的噪声环境中生活，造成儿童出现听力障碍的可达 50%。另外，经常处于噪声环境中的儿童，可使眼睛的屈光度和敏感性降低，瞳孔散大，视觉的调节速度和眼的运动速度减慢，色觉和视野异常，往往有眼痛、眼花、视力下降现象。噪声还能影响正常的消化功能，使唾液、胃液分泌减少，胃酸下降，食欲呆滞，从而引发消化道疾病。由于噪声的恶性刺激，儿童可出现头晕、头痛、失眠、多梦、乏力和记忆力减退、精力不集中等神经衰弱症状，因此噪声是影响儿童智力和身体发育的大敌。

防范电磁污染

人们通过长期研究后发现，纵横交错的高压线，除了破坏环境的美观外，在其周围产生的静电场会制造出很多麻烦。苏联科学家反复实验表明，在高压线下长期工作，可能会使血液、心血管系统及中枢神经不正常。

科学家研究发现，各种电子设备，包括空调机、电子计算机、电冰箱、彩色电视机以及电热毯等等，在使用过程中，都有可能产生各种不同波长和频率的电磁波。

我国有关部门对微波辐射安全范围的功率密度极限值做了严格的规定：一是每天8小时连续接触辐射时，不应超过38毫瓦／平方厘米；二是短时间间断受辐射时，日总计量不超过300微瓦时／平方厘米；三是出于特殊原因，确实需要在功率密度为1毫瓦／平方厘米的环境下工作，必须使用防护设备；日总计量仍限制在300微瓦时／平方厘米以内。一般不允许在功率密度超过5毫瓦／平方厘米的环境下工作。

若超过微波辐射安全范围的功率密度限值，时间长了就会使从事微波工作或使用家用电器的人员患上"电磁烟雾综合征"。

废电池使人发疯

1940 年，日本一个村突然发生一桩令人毛骨悚然的事件。一夜之间，这个村庄有 16 人发疯。这些疯病人不打人骂人，也不乱摔东西，主要症状表现在上肢颤抖，下肢发硬，腿虽能直立但行走困难，他们时而哭泣，时而狂笑，数天之后有 3 人死亡，其他病人也奄奄一息。据日本东京医科大学专家调查，发现这个村的水井旁埋有丢弃的几百个废干电池，经化验发现井水里含有大量的碳酸氢锌和碳酸氢锰等有害物质。

原来，干电池的外壳是锌筒，内装氯化铵、氯化锌和锰的氧化物，锌筒中央放有一枚碳棒，当废干电池丢入井边或埋入地下以后，因为外壳腐烂，经化学反应，锰和锌分别转化为碳酸氢锰和碳酸氢锌等有害物质。这两种物质溶解在水中，人们饮用了，便发生了疯病悲剧。

目前，世界许多国家已对废干电池采取了回收利用

电子洗浴设备

多功能淋浴器：它装有许多按钮，喷水方面可从脚下向上喷，也可以从腰、胸、背部横向喷淋，按动不同按钮，可产生浇灌式淋浴、喷雾式淋浴或冲击按摩式淋浴等，水温可根据要求，调节成温、热、冷等温度。

冷气喷浴器：这种喷浴器以液氮为制冷剂，每分钟可喷出 500 升含有特殊干溙剂的干燥冷空气，使人体血液循环加速，有利于新陈代谢和激素分泌的平衡，能引起皮肤急剧收缩，促进身上异物层剥离。能使肌块光滑红润，还能防治粉刺、雀斑和消除皱纹等。

自动洗澡机：日本研制成功的全自动洗澡机，用其洗澡时，先自动进行 2 分钟的温水浴，然后通过超声波，激起含有大量泡沫的温水，将洗澡者的身体洗净，再借助水力擦拭、冲洗、摩擦等，待脏水排出后，再对洗澡者进行 2 分钟的淋浴。它具有洗净按摩的双重作用。

身体干燥机：英国不久前向市场推出一种电子身体干燥机，该机可安装在淋浴间的一角。它很像吹风机或手干燥机，当你洗完澡后，只需按通干燥机，就能用它吹出温暖气流把皮肤上的水吹干。

此外，还有坐立两用淋浴缸、按摩浴缸、浴室通风干燥机、电脑控制的浴缸等。

电热淋浴器

直热式电热淋浴器俗称"过水热"，它的特点是体积小，使用方便，价格便宜，外形比一般淋浴用的莲蓬头大一些，安装时，在卫生间里适当的高度接一根自来水管，在出水口的地方装上电热淋浴器，再接好电源线就行了(注意将地线可靠地接在自来水管上)。最好用水、电开关联动的，水龙头一开，电源也就自动接通，这样可以避免在没有水的情况下通电烧坏电热淋浴器。直热式电热淋浴器的缺点是在寒冷的冬季水温较低。

预热式电热淋浴器内部有一个水箱，固定悬挂在墙上，可以不接自来水铁管，而用一个塑料软管接在水龙头上就行了。在使用前先放满一箱水，通电预热半小时左右，预热时间长短根据自己对水温的要求决定。有的产品还装有调温器，可以将水温调到自己需要的温度，有的带有定时器，预热时间到了会自动断电，也可以在预热以后一面继续通电，一面放入冷水使用。

电热淋浴器使用方便、经济，每洗一次耗电 1 度左右。使用时一定注意先通水后通电，不用时先断电后断水，否则容易烧坏。还要注意的是：电热淋浴器的功率一般都在 1000 瓦以上，因而要求供电线路和电表容量相应增大，在决定购买前必须检查自己住房的电线和电表是否能承受，以免使用中发生事故。

自动杀菌净手器

手是人类学习、工作、劳动和生活不可缺少的工具。由于手接触面广，被细菌、病毒和寄生虫污染的机会也就很多。一只没有洗干净的手约有 40 万个细菌。所以，我们一定要坚持饭前便后洗手。洗手时，不能用水冲冲就敷衍了事，最好用些肥皂，这样不仅能洗掉污垢，杀灭细菌，而且还能把皮肤的分泌物除掉，增强皮肤对细菌的抵抗能力。当然，比较彻底的方法是用药液浸泡。不过，这种方法不仅对皮肤有刺激性，而且容易造成交叉及二次感染，于是，家庭用自动杀菌净手器应运而生了。

自动杀菌净手器采用感应式红外线自动喷淋装置，将双手伸向净手器下方喷口时，它便自动定时、定量地向手的各部位均匀喷淋雾状消毒液。净手器消毒液采用 JF 消毒液。该消毒液为无毒药物，对皮肤无刺激，气味芳香，喷淋后手感舒适，无需用清水冲洗或擦拭，对乙型肝炎、肠道传染病、性病、艾滋病病原体等病毒，均有迅速和持久的杀菌能力。喷淋之后(1 秒钟)，可杀灭病菌 99％以上。

净手器为墙壁悬挂式结构，造型美观轻巧，供电采用安全隔离措施，安全可靠，适用于银行、旅游、医疗、餐饮、食品等行业及幼儿园，家庭也可安装使用。

电子熨斗

1913 年，美国人理查森把电能转换为热能，研制成功了电熨斗。1932 年，出现了可以调温的电熨斗。1953 年，喷雾蒸汽式电熨斗问世。从而，人们用来熨烫衣物的用具，就越来越方便简捷。

目前，电熨斗大致有普通型、调温型、喷气型和喷气喷雾型 4 种，其中使用最多的是 300～500 瓦普通型电熨斗。普通型电熨斗通电两分钟，温度便可以达到 60℃～70℃，10 分钟后可升温到 250℃，当温度过高时，可以切断电源降温。

电熨斗温度是否掌握恰当，直接关系着衣物熨烫的质量。各种织物直接熨烫一般不要超过下列温度：氯纶 65℃、腈纶 135℃、锦纶 145℃、涤纶 170℃、羊毛 180℃、蚕丝 185℃、棉 190℃、麻 205℃。

随着电子工业的飞速发展，一种新颖的电子熨斗已经应运而生。电子熨斗上的三个指示灯分别指示电源插头是否插上，是否接通开关和是否达到所选择的适宜温度，电子温度控制使你可以任意选择合适的温度。

电子熨斗最大的优点是，如果把它平放着不动或弄翻了，在不到 30 秒的时间内它就会自动断电。这样就绝对保证衣服不会因为疏忽而烫坏。如果将它竖放着不用的话，电子熨斗也会在 10 分钟内自动断电，这样就防止了意外事故的发生。

电子枕头

日本科学家根据失眠的人不断增加的情况,对睡眠时人们的生理变化进行了调查,发现在睡眠时人手脚温度上升,头部温度下降。据此发明了一种电子冷却枕,这种枕头可以促使人们产生进入舒适睡眠时的生理变化,就是当把头部放在冷却枕头上,使头部冷却,头部的温度比体温低5℃~10℃,进而提高睡眠质量。

这种电子冷却枕是由电子冷却元件、散热器、防护装置、导热铝片、冷却面层、缓冲材料、操作部件及枕套等构成。由于采用的是电子冷却方式,所以没有机械振动和噪声。电枕还带有停止运行的定时器,就寝约90分钟后,可自动停止运转。为选择冷却温度,还设有温度调节器。

催眠枕头戴在睡眠者的头上,内附有两个"睡眠导人器"。使用者将枕头绑带上的一个电极接在额头,另一个电极贴于脑后,利用微弱电流刺激掌管睡眠的视丘下部,抑制交感神经的兴奋,以此达到助眠的作用。

还有一种催眠音乐枕,既是一个枕头,同时又是一架收音机,用来治疗神经衰弱的音乐,是经过特别炮制的。譬如,有的是到山中收录鸟叫声、风声、流水声等自然声音。这种电子催眠枕头,开关及调谐器在枕头一角,伸手可控制。

电子脉搏计

　　运动中脉搏频率的变化,是测量运动量大小的"仪表"。同一运动项目,因时间长短、海拔高低、身体素质和季节的不同,心脏的负荷也不同。只要善于掌握脉率的变化,就能从中得知心脏负荷的大小,及时调整运动量。运动中,脉搏通常是快速、均匀、有力地搏动着,如果出现漏跳或强弱、快慢不匀,则表明有早搏、房颤等心律失常现象,这是运动过量或心脏有器质性病变的征兆,应停止运动,及时就医。匀齐而快速的脉率,是运动中的正常现象,频率过快,证明心脏疲于奔命,难得"休息"。用脉率衡量运动量大小的公式很多,最简便的是 180- 年龄 = 最高运动量脉率(次／分)。这个公式的优点是,最高脉率随年龄增长而递减,比较符合中老年人的生理特点。

　　有人科学地把脉搏称为"心脏机能的晴雨表"。那么,怎样才能准确及时地掌握脉搏的变化呢?不久前,英国发明了一种使用简便的电子脉搏计,外形像一支袖珍计算器。使用者只要将大拇指触在脉搏计下方的感应盘上,脉搏计上方的小型屏幕就会立即显示出该人每分钟脉搏跳动的次数。根据脉搏的强弱和次数,可诊断出多种病症。当脉搏跳动次数超过安全界限时,这种精巧的脉搏计会亮出红灯,提出警告,这种电子脉搏计对心脏衰弱者十分有用,使用者可以随时知道自己的心脏是否有问题。

音乐电疗的特点

音乐电疗法，既有音乐的心理治疗作用，又有音乐电流的刺激作用，它使心理治疗与物理治疗有机地结合在一起。

音乐电流，是将音乐信号经过换能、放大、升压而调制输出的一种正弦脉冲式电流。这种电流与音乐是同步的，所以不同的音乐可以调制不同的电流，其波形、波幅和频率随音乐变化而变化，具有复杂多变的特点。

音乐电疗与一般常用低、中频电疗相比，既有一般低、中频电流的共性作用，又有其独特的作用。一般低、中频电流，不管如何调制，其电流的波形、波幅和频率总离不开基本固定而有规律的模式，周而复始地重复。这种电流作用于人体容易被肌体所适应，从而肌体对其反应性逐渐减弱，久之消失。而音乐电流，一是具有心理治疗和物理治疗的结合作用；二是由于电流的波形、波幅和频率复杂多变，每一电流刺激，都是一种新的刺激，每一疗程也都是从新的起点开始，适宜长期康复治疗与中老年保健。

治疗时，患者一边用耳机听音乐，同时用三块电极板将音乐调制的电流按中枢解剖部位，局部或经穴位导入人体。并可因人、因病、因阶段对症选曲和剂量。通过多年临床治疗观察，音乐电疗对脑中风康复期、神经衰弱、血管神经性头痛、坐骨神经痛、骨关节病、急性扭伤、软组织损伤等都有显著疗效。

电子打鼾停止器

打呼噜在医学上叫"鼾症",除睡眠中打鼾、憋气、烦渴、噩梦、梦游、遗尿外,白天主要症状为易困多睡、疲倦、头痛、记忆力下降、工作效率差和性功能减退。

不久前,我国研制出一种袖珍式电子打鼾停止器,给打呼噜的人带来了福音。它采用最新电子技术将打鼾时的音调经电路处理,转变为一种电信号,用来自行刺激有关部位,然后形成条件反射。一般打呼噜的人只要刺激几次即可停止打鼾;严重患者长期使用也可收到满意的效果。经数百名不同类型的打呼噜的人使用,总有效率达98%。该电子打鼾停止器可随身携带,使用方便无任何副作用。

不久前,一位发明家发明了一种电子衣领,专治打鼾。所谓电子衣领实际上是把一种安装在传感器和电刺激装置的微型电子仪器,缝在衬领上,作为内衬。电子衣领贴着人的肌肤,它上面的电子仪器对呼噜的音频信号反应特别灵敏。当传感器接收到打鼾的声信息时,它通过电子仪器,向人的后颈肌肉部位发出轻微的刺激。人体的神经系统受到刺激后,便会停止打鼾,而本人还不会被吵醒。

电动按摩的作用

电动按摩器是一种用于个人保健的日用电器产品,使用按摩器按摩对人体表面做局部的机械刺激,能够促进局部皮肤和肌肉的血液循环,减轻心脏负担;能消除肌肉疲劳,减轻肢体酸痛感,加速体力恢复;能改善人体局部组织的新陈代谢,减少脂肪堆积;可调节中枢神经,改善人的精神状态,使人有心旷神怡之感。

现有的电动按摩器一般设有多个不同形状的按摩头,并按按摩头强度分级,便于使用者根据按摩部位和刺激深浅而选用。

适宜于各个部位按摩的电动按摩器具层出不穷。

一种带电动按摩器的沙发,既可用作休息座椅,又可用来按摩。沙发靠背内设有一对按摩器,它可以上下、左右、凹凸行动,从事颈、肩、背、腰等部位的按摩。按摩控制器内藏微电子计算器,面盘设有按摩穴位图按钮和按摩器上下、左右、内外回转等按钮,可以自由选用。

不久前,我国研制成功一种电动按摩椅,它能够模拟推、拿、按、压、揉等多种人工按摩手法,对腰、肾、颈、肩的任何部位进行自动按摩,对急慢性腰背扭伤、劳损、颈椎病、肩周炎等均有疗效。

"损伤电流"

1958 年,美国纽约州有一位名叫贝克的医生,他把蝾螈的一条条腿切除后,看到伤口周围的肌肉在微微地颤抖。他用一个灵敏度很高的电流计来测量,发现伤口周围有电流!随着电流的作用,蝾螈的断肢就开始再生。起初电流较强,再生速度也较快,后来电流逐渐减小,等到腿完全长好,电流也就消失了。

贝克又用青蛙等动物做实验。这些动物虽然没有断肢再生的本领。可是在它们身上也测到了这种神秘的电流。由于这种电流是动物身体受到损伤之后产生的,贝克医生就称它为"损伤电流"。

这种"损伤电流"是从哪儿来的,有什么作用呢?

贝克医生认为,动物身体某处的细胞组织受到损伤,疼痛就刺激神经中枢,神经中枢便向有关细胞发出修复组织的信息。损伤的细胞组织依据这种信息指示的修复次序和速度等,对肌体进行修复。这种信息的表达方式就是"损伤电流"。

通过多次实验,贝克医生还证实,损伤电流是一种普遍现象,不仅低等动物有,高等动物也有。就拿人来说吧,皮肤破了以后也能产生"损伤电流",不过比起低等动物来要少得多,所以不能使失去的肌体再生。

聋哑人打电话

　　一个正常人之所以能听到外界的声音,是由于通过外耳道的声波使鼓膜振动,经过位于内耳的耳小骨,传至内耳神经,使人感到有声音。但是,对于像鼓膜破坏,传声机构和发声机构有障碍的聋哑人来说,怎样才能通过电话传送信息呢?

　　聋哑人虽然不能"说"和"听",但是能够"写"和"看"。专供聋哑人使用的"电话机"是借助于双方交换手写的信息的方法,达到互相"通话"的目的。

　　这种聋哑人"电话机"是由发送机和接收机两部分组成的,可以随身携带,接到普通市内电话线上。打电话时,发话人先拨叫对方的电话号码,然后用铅笔在发送机的炭板上,把自己要说的话,写出来告诉对方,这时,发送机上的"字—电转换"装置将字形自动转换成相应的电信号,经过电话线传送给对方。

　　对方的接收机将收到的电信号,通过"电—字转换"装置,带动一根钨针,在一种特别的镀铝纸带上写画。于是就将发话人"说"的话重现出来,受话人用肉眼可以说出。

　　不难看出,这种专供聋哑人使用的特种电话,发方是"以写代讲",收方是"以看代听",它可以使聋哑人之间同正常人之间互相交流思想。

听障人士与助听器

听障人士都需要戴助听器吗？这要看具体情况而定。医学上根据听力损失的程度，把耳聋分为轻型、中型、重型和全聋型四种类型。不管哪种类型，如有一耳正常，则不需要戴助听器。轻型耳聋一般也不必戴。如果双耳属于中型者，则戴助听器效果最佳。重型双耳聋者往往伴有内耳功能不良，使用助听器也不能有满意的效果。倘若双耳全聋，则戴助听器没有任何实际意义。

因此，凡听力不佳的朋友，不要匆忙购买助听器，应先到医院耳科做一次全面检查，了解失聪原因。如医生认为可以治疗，则不必考虑助听器，如果医生认为要考虑戴助听器，则应根据耳聋的类型及程度，选择适合的助听器。

通过电测听检查，能区分耳聋的性质，是传导性耳聋，还是感音神经性耳聋。同时也能检查判断耳聋的程度。一般听力损失在 35~45 分贝，为轻型耳聋；听力损失在 45~60 分贝，为中型耳聋；听力损失在 60~80 分贝，为重型耳聋；超过 80 分贝，为全耳聋。听力损失在 35~80 分贝以内的都可以配用助听器，超过 80 分贝的戴助听器，只能听到声音，不能辨别声音，使用价值就不大了。

选择助听器

经验告诉我们：传导性耳聋的患者，听力损失在 80% 以内的一般选用气导助听器，也可戴骨导助听器；神经性及混合性耳聋轻度者一般适合戴气导助听器。因此配助听器者，应先到医院就诊，确定是何种性质的耳聋及耳聋程度，经过试戴助听器后再确定购买。

助听器是一种能够增加声音强度，帮助听障人士听取声音的简单扩声装置。它是由传声器、放大器、耳机和电源组成的。声音经过传声器，变成微弱的电信号，再经过放大器放大，电信号传到耳机，耳朵就听到声音了。

助听器有各种不同的类型，基本上可以分为带电线的和不带电线的两种，带电线的比较普及，叫作盒式助听器。它的各种电子元件和电池全装在香烟大小的盒子里，有一根电线连接一个耳塞。使用的时候，把耳塞放在外耳道内，小盒子可以放在口袋里。

怎样戴助听器

初用助听器时,音量不宜开得过大,否则四周各种声音一起被放大传入耳内,这种混杂的噪声使人产生刺激的厌烦感觉,甚至会引起耳内疼痛。在经过1~2个月时间的试听后,一般就习惯了。先在比较安静的室内辨别各种声音,以后再转移到公共场合试听,把注意力集中到需要听的声音上,但在噪声过大的环境里,不宜使用助听器。在试听过程中,将声音的放大频率随时加以调节,以自己能听清楚声音为最适宜。

助听器的耳塞一定要紧密而舒适地塞在外耳道内,不使声音外溢。儿童正处在听力和语言发育的关键时期,良好的听力是孩子智力发育所必要的条件。因此听觉不好的儿童,就更需要使用助听器。在选择使用的时候,比成年人的范围可以宽一些,听力损失25分贝,就能使用。值得注意的是,儿童病人随着年龄增长,要定期换用大小适宜的耳塞。在清洗耳塞时,先清除耳塞中的耵聍皮屑,用肥皂和清水洗,待

晒干后,再涂以滑石粉。使用时要保护电线及插头,取下收音器或插头时,不可用手拉电线。平时使用时,不可使电线绷得过紧。

有人担心长期使用助听器,会加重耳聋。其实,这种担心是多余的。根据对使用者的长期观察,正确地使用助听器是不会损伤听觉器官的,相反可能改善听力。倘若有人用了助听器后耳聋加重了,要及时请耳科医生检查、治疗。

电子人工喉

我们为什么能发出声音?这要靠喉。当喉部肌肉拉紧声带,关闭声门时,从肺的气管来的气流冲击声带,引起它的振动,于是就发出了声音。但是要发出各种语音,组成语言,还要靠口腔中的唇、舌、齿、小舌头等帮忙,我们在学习拼音和外语时都有这样的体会。

一些人不幸患了喉癌,为了保全生命,不得不切除了喉及声带。发音器官没有了,人也就发不出声音了,再也不能用语言来表达自己的思想和情感,更不能放声歌唱了。

为了解除病人的痛苦,医务人员和科技人员合作,制成了人工喉,它可以代替失去的喉发音。人工喉由音频电子振荡器、电声换能器和传音管组成。电声换能器与人工耳蜗中的电声换能器正相反,它可以把电能变成声能,即把振荡和音频电转换成声音,再由传音管送到病人口腔中的适当位置。然而这种声音只是一种单调的声音,男的可以把频率调低些,声音听起来就低沉了,女的可以把频率调高些,声音听起来高一些。随后,病人用口腔对声音进行调制,发出各种语音。

人工喉使言语障碍者重新获得了讲话的本领,他们可以和远方的亲人打电话,可以和朋友交谈,甚至还可以唱歌呢!

电子耳蜗

人耳分为外、中、内三部分。外耳是指耳部和外耳道；中耳由鼓膜和三块听小骨组成；内耳主要包括耳蜗和听觉神经。外耳和中耳这两部分出了故障所引起的耳聋叫传导性耳聋，现在基本上已经有了医疗措施，也可以用助听器来弥补听力的不足。而内耳的耳蜗内有许多听毛细胞和听觉神经相连，是一个声电换能器。声波经外耳道引起鼓膜和听小骨的振动，传到内耳后，耳蜗把传来的声能转化成电能。即把声波转变成电信号，产生的电信号通过听觉神经纤维传到大脑皮层负责听觉的部分，产生听觉，这时人们才能感知声音。所以由内耳疾患(耳蜗螺旋器损坏，听神经仍保留部分功能)所引起的失聪，称为感觉性耳聋。对此，助听器也无能为力。

对于感觉性耳聋，许多国家进行了大量的研究和探索，试图用人工方法恢复这部分患者的听觉，自 18 世纪 90 年代人们才对耳聋作出了有意义的突破。1957 年法国人丢尔诺和艾利使用电极直接刺激全聋型病人听神经而产生听觉。以后许多学者陆续对此进行研究，他们特制了一种微电极植入耳蜗内，借助外部输入的电信号刺激听神经末梢来代替丧失了转换功能的耳蜗，使听障人士产生一定的听觉。这种用电子技术模拟耳蜗功能的装置就叫作人工耳蜗，也有人称它为"电子耳蜗"。

电子耳蜗的工作

电子耳蜗主要由两部分组成，一部分为埋藏于耳蜗内的微电极，可以把经过适当处理后的电信号送到听神经纤维上，产生音感；另一部分是把生活中的声音转换成符合人耳特性的电信号的声电换能刺激器。作为适于长期埋入人体内的微电极，用铂铱合金丝制成，具有良好的化学稳定性，无毒性和一定的机械物理特性。微电极可分为单导和多导，因为内耳的神经末梢是沿耳蜗轴分布的，而处在不同位置的神经末梢感受声音的频率不同，所以植入的电极数目越多，感受不同频率的变化就越灵敏、越准确，就越能使听障人士听懂语言等较复杂的声音。植入的电极数目已从1根发展到20根。那么刺激器的电信号又是如何传递到内耳中去的呢？使用的传输方式分为插座式和线圈式两种。插座式就是在头部耳后固定一个稍露出皮肤表面的聚四氟乙烯插销，它与植入的电极和体外携带的声电换能刺激器相连接，刺激器把外界的声—电转换信号通过插销传送到耳蜗内不同部位的电极上。

插座式电极需要通过皮肤，因而有发生感染的可能。线圈式是把一体积微小，外部用硅橡胶绝缘的刺激线圈埋入耳后皮下，与微电极相连。在皮外相应部位有另一初级线圈与体外携带的声电换能刺激器相连接。刺激器把外界的声—电转换信号通过感应电的形式传送到耳蜗内不同部位的电极上。

帮盲人恢复视力

不久前,一位盲人在美国一家医院里做了一次奇妙的手术。他在眼睛里安装了一架微型电脑摄像机。这个小巧玲珑得犹如眼珠一般的摄像机,具有人的视网膜作用。它能把接收到的外界影像转变成光点,然后置入颅内的内极,刺激大脑视神经附近的区域。大脑根据信息的强弱,辨别摄像机接收的物体,盲人便能正确地判断发射到"眼睛"里的景物了。

人们也许要问:难道看东西能不用眼睛吗?难道那个盲人是用大脑看东西的吗?美国科学家发现,人类对物体形状和色彩的判断,其实主要是依靠大脑。

人的眼睛很像一架微型电子摄像机,当光照射在物体上,物体便把光反射到眼睛。眼睛的视网膜上,有圆柱形的杆细胞和圆锥形的锥细胞。锥细胞可分成三个锥体,分别对红波光、绿波光和蓝波光发出感应。太阳光刺激锥体细胞时,会在视网膜神经中产生脉冲信息。这种信息传入大脑后,大脑就能鉴定物体的形状、色泽。从眼睛接受信息到大脑作出判断,整个过程大约只有 0.1 秒。美国科学家就是根据这种原理,研制成功眼内微型电脑摄像机的。

电子导盲

随着科学技术的发展，从 20 世纪 70 年代以来，工业先进的国家已研制出多种实用的电子导盲装置，其中以超声导盲器的发展最为迅速。

超声盲人眼镜分脉冲式和连续发射调频式两大类，分别是从脉冲声纳和连续发射调频声纳发展演变来的。脉冲式超声盲人眼镜，由一副普通的茶色镜和一个香烟盒大小的电子盒组成。在眼镜镜框上装有小小的收发换能器，镜脚上装有蜂鸣器。根据超声定位原理，当发射的超声波遇到障碍物后返回产生回波，被接收换能器接收，经电子盒处理后，蜂鸣器就会发出"滴、滴、滴"的声音，离障碍物愈近，声音就愈急促，声调也愈高，盲人由此就可以估计障碍物的大致距离。这种盲人眼镜的工作频率为 40 千赫左右，探测空间上、下 40 度，左、右 20 度，有效探测距离分为 1 米和 4 米两档，盲人可根据需要自行选择。

这种盲人眼镜是盲人探路的辅助器械，对障碍物的距离具有较高的分辨能力。一般盲人经过几个小时训练就能自己使用。盲人带上这种眼镜可以从人群中穿过而不发生碰撞；可以在十几辆自行车围成的包围圈中找到缺口走出来；可听测到停在路旁的汽车，从而绕着汽车行走；可以找到悬挂在空中的篮子。

光电牙刷

研制成功的光电牙刷，不要一点牙膏，但效果比普通牙刷高出 10 倍！光电牙刷为什么会有这么大的神通呢？

寄附在牙垢上的无数细菌，分解残余食物的糖类和淀粉，形成乳酸。乳酸会溶解牙的主要成分钙，进而侵蚀牙

质，变成蛀牙。牙龈受到牙垢和牙石的刺激，引起牙根炎症。令人恶心的口臭，大多也是牙垢引起的。但是，普通牙刷只能除去一半牙垢。而光电牙刷，利用光能源使牙垢化学分解，除掉牙垢。光电牙刷外形和普通牙刷一模一样。但它在牙刷把里安装了一块具有光电子功能的 N 型半导体。这块半导体能同自然光、荧光灯、白炽灯等光源发生光电反应，产生光能源。用光电牙刷在有足够光亮度的地方刷牙时，由唾液中的水分作媒介，在半导体和牙齿之间发生光电化学反应。半导体放出电子，发生"酸化反应"。在牙齿四周的唾液，从中吸收电子，发生"还原反应"，在分解作用的过程中，牙垢被分解，而且，通过还原反应，中和了引起蛀牙的乳酸。这对于预防和治疗蛀牙的牙周病，具有很好的效果。

用光电牙刷刷牙，不需要牙膏。把它沾湿后在有普通光亮度的地方，同使用普通牙刷刷牙一样即可。

电子体温计

体温计,自1736年临床使用,迄今已有200多年的历史。1592年,意大利学者伽利略研制成世界上第一支气温温度计。1654年,伽利略的学生伏迪南用酒精代替水柱,并且把另一端也封闭起来,这就是现代温度计的雏形。1657年,意大利人阿克得米亚又用水银代替了酒精,这样就与现代的温度计相差无几了。

日本研制出了一种电子体温计。这种体温计以热敏电阻作为测温元件。经温度—频率变换回路,将温度转换成频率,再经加减代数运算等,在液晶显示器上显示出被测体温。电子体温计由分级控制器控制,采用四位液晶显示。体温计内部还设有电池电压检测回路,在电池电压不足时,检测回路发出闪烁信号,使液晶显示器的"℃"闪烁,使用者一看就知道应该更换电池了。

电子体温计有以下特点:热容量小,反应速度快;分辨能力为0.01℃的四位数字显示,最适合测量妇女的基础体温;由滑动开关控制通断,不需像使用玻璃体温计那样甩水银;读值方便;无视差;小型、轻量、节电;不受外界气温和电池电压变动影响;容易实现集成化。

电子心脏起搏器

　　世界上由于心脏病而引起猝死的发病率很高,发生猝死的主要原因是冠心病、心肌炎、风湿性心脏病等疾病造成心肌缺血、缺氧,导致心电不稳定,从而引起心肌的纤维颤动(简称"心颤"),使原来每分钟60～90次的心搏频率,变成每分钟250～500次的不规则颤动,心电压很低,如不及时抢救纠正,心搏便会停止。

　　几十年前,有人发明了一种叫"心脏除颤起搏器"的仪器,有电视机那么大,使用时将两个电极放在胸前两侧,按动电钮,在7千伏的高压下,能发出比较强大的电流,能使心脏瞬间除颤,恢复正常的心跳。但实际上约有2/3的心颤病人是在工作场所、家中,甚至路上发病的,他们常因来不及送到医院便已死亡。因此,人们设想能否有一个戴在身上的小型起搏器。

　　经过多年的研究,终于有两个美国医生发明了一种"自动心脏除颤起搏器",由于它是由半导体集成电路组成,用可更换而且能使用多年的微型锂电池作电源,所以体积很小,可埋藏在人体内或挂在腰带上。用导线将它与心脏连接后,就能不断地接受正常的心搏信号及其有规律的间歇。因为它是用导线

直接将电流通到心脏,所以不必像体外除颤那样需要强大的电流,如一次除颤未成功,它会按预先编好的程序,每隔15～20秒钟向心脏发出更强的电流除颤,直到心脏恢复正常的搏动为止。

起搏器的外电干扰

人工心脏起搏器种类较多,按安装方式可分为体外佩戴式临时起搏器和体内埋藏式永久起搏器两种;按起搏器的功能可分为同步型、非同步型、房室程序刺激型(双心腔起搏器)等。目前国内广泛使用的永久型起搏器多为单心室及被抑制型按需起搏器,双心腔起搏器也已陆续开始使用。

特别值得注意的是,安装体内永久起搏器的人,在生活和工作中要特别注意外界电干扰,不宜到磁场较大的场所去,如发电厂、变电所、用电器功率较大的车间。在使用牙科电钻、理疗及电动理发推子时都要特别注意,最好不要使用。在第三届亚太地区心脏电生理讨论会上,一家英国医院的阿加勒瓦尔医生提醒人们,不可轻视家用电器对使用心脏起搏器病人的危害。这位医生研究了电剃刀、电吹风、家用电钻、真空吸尘器、微波炉等 7 种常用电器在使用时对 54 名心脏病患者植入体内的起搏器的影响,发现当起搏器与正在工作的电器距离在 23 厘米之内时,有 37 名患者(占 68.5%)的起搏器被抑制。模拟实验还表明,虽然家用电器产生的电磁波信号频率高于起搏器矫正频率,信号强度通常也低于辨别阈,但其振动的任意变化偶尔也能达到起搏器的刺激阈,干扰起搏器的正常工作,给患者带来灾难。

电子母鸡孵卵

英国研制了一种与普通野禽蛋一般大小的电子蛋。电子蛋的外壳是用玻璃纤维制成的，在蛋壳的6个点上分别放置了传感器，来监测巢的温度、相对湿度、蛋的姿势和野禽孵蛋的实际时间；了解并掌握野禽巢居习性。然后，根据这些数据模拟野禽天然巢制造人工孵化器，以提高孵化率。普通的孵化器的孵化率在50%，而野禽的孵化率高达95%。

我们知道，不管孵的蛋多少，雏禽总是差不多同时出壳。这一直是个未解开的谜。

苏联科学家进行了长时间观察，倾听鸡蛋的声音，发现这些胚胎在蛋壳中可以互相传送声音信号，胚胎发音到一定阶段，会发出"咔嚓、咔嚓"的响声。其他胚胎一听到"领头者"的声音后，也相继"咔嚓、咔嚓"地响起来。这就是说，它们几乎同时转为用肺呼吸，加快成为雏鸡。

发现这个秘密后，科学家们研制成了声响发生器——电子母鸡。当蛋放在孵化器中第17天时，把无线电电子装置打开，"电子母鸡"便发出稳定的，强有力的，恰如其分的"咔嚓、咔嚓"的声响，它们听从"电子母鸡"的命令，在一天之内就都自己脱离蛋壳。

电子动物的用途

现在不少国家都在研究和制作模拟动物行走机理的机器,从两条腿的、六条腿的和八条腿的,直到多足的,主要是使它们的行动能适应自然界各种场合,以达到实际加以利用的目的。

我们知道,蛇的行进与有足动物是不同的,它那柔软的躯干能紧贴地面,平均承载躯干的重量,行进很稳定,所以它在坑洼不平的地上行进,犹如平地上一般,毫不费事。此外,蛇的细长躯干在穿行小道时,也决不会陷入地面的小裂缝中。根据这些特点,人们设计了仿蛇的运载工具——蛇行器。

研制成的第三代蛇行器,全长约 2 米,共 20 节,每个环节宽 144毫米,高 162 毫米,可以灵活地转动。它的电源和控制设备则设在一台车上,用导线与蛇行器相连。蛇行器的设计虽然尽量效仿蛇,但它的行走装置用的是脚轮而不是腹板,这样就大大减少了与地面的摩擦。

这种蛇行器能迅速灵活地穿过坎坷不平的小道,能盘缠物体,能钻入弯曲的管道内摄取物品。预料在不久的将来,蛇行器会在工业上得到应用。微型化后,可用于医学作为肠胃检查工具。

纠正了错误认识

　　科学家对一种野兔和一种山鼠的心搏进行了生物遥测。他们测得的结果是,当这两种动物受到侵犯时,都显示出一种所谓恐惧性心搏过慢。这和通常认为当山鼠处于囚禁状态或受到侵犯时,它们的心搏率增加(心动过速),刚巧相反。

　　无线电生物遥测技术不仅纠正了过去动物学中某些错误之处,而且已经逐步从一种研究动物的手段转变成为保护动物,为动物造福的有力工具了。例如在划定对某种动物的保护区时,其范围究竟应该有多大,不能光凭动物的外表反应来制定。据调查,母鸡的某些"易惊的"品种比起"安静的"品种来,对于肉眼看得见的刺激因素表现出较大的惊慌不安和逃避现象。但实际上外表安静的家禽其心搏率几乎与显得惊慌不安的家禽增加一样快,而且恢复原状的时间甚至比后者要长一些。

　　无线电跟踪及生物遥测技术等为生物学家和自然科学工作者提供了极大的方便,使他们能比以往任何时候都更能接近动物进行研究。我们的研究对象感觉敏锐,肢体矫健,这些方面仍然超过我们,但无线电跟踪和生物遥测技术正在缩短这个差距。

跟踪遥测的成果

科学家利用跟踪和遥测技术对海獭做了研究。据说海獭一天中只在下午近傍晚的时候进食。科学家对此感到疑惑：它们怎么可能在夜里不吃东西呢？于是在海獭身上装上了一台 164 兆赫的发射机，通过观察，科学家发现海獭有许多时间浮游在一丛丛海藻之中，从 20 米深处的岩石上采集贝类。而由于是高频信号在海水中会大大变小，因此单凭信号强度及其持续时间的变化就可以鉴定海獭的三种行为：休息、在活动但不在进食和正在进食。科学家在夜里对海獭的这三种行为进行了记录，发现海獭在夜里的进食量达到其总进食量的 45%，这就说明了海獭只在下午进食的说法是没有根据的。

通过生物遥测技术监测动物的心搏率看来可算是比较大的成就了。蟹的心脏与蟹腿中的薄膜差不多，产生的电信号比老鼠的心脏产生的电信号要小几个数量级。尽管如此，科学家还是造出了一种发射机，其信号脉冲速度能随着蟹的心肌或心脏神经节的电作用而变动。科学家发现，蟹开始活动时，心跳在 5 秒钟内从每分钟 30 跳增加到每分钟 150 跳，而在停留不动时，于 2 分钟内重新恢复到休息状态。这样，就能根据心搏率测知蟹的活动情况。

跟踪遥测的方法

无线电跟踪和生物遥测技术采用的方法是把一个微型发射机装在受试动物的身上，或是采用颈圈或吊带，或是干脆把发射机植入动物体内，微型发射机通过一根天线发射信号——通常用甚高频（大于 100 兆赫）。发射天线可以是绕在颈上作颈圈用的环形天线，也可以是鞭形天线或是绕在铁棒外面的一个铜线圈。与发射天线相对应的接收天 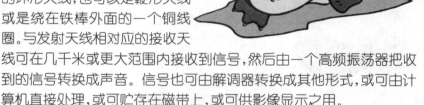 线可在几千米或更大范围内接收到信号，然后由一个高频振荡器把收到的信号转换成声音。信号也可由解调器转换成其他形式，或可由计算机直接处理，或可贮存在磁带上，或可供影像显示之用。

但实际情况却并不那么理想。无线电信号在遇到诸如山谷、岩石、房屋、一排排针叶树等各种障碍物时会产生反射、滤波或极化，从而改变其方向。因此，追踪者必须熟悉地形的每一个细节及其对无线电信号的影响。

美国科学家给牛津地区的红狐戴上了各种不同型式的无线电颈圈，其中最新型的是一种两级发射机。这种装置能使追踪者知道他们追踪的动物在哪里，因而能很好地对它进行潜近观察。另外，他们还发展了一整套对动物进行夜间观测的技术，把一种发光物质装在透明的胶囊里，夜间在 250 米以外的狐狸，也能用双筒望远镜观察到它的活动。

发展跟踪技术

　　追踪野生动物已经从一种单纯是猎人的本领变成了生物学家从事的一门科学。可是几千年来，人们主要是依靠动物留下的脚印和各种迹象来追踪动物的。这样做常常会遇到种种困难，光是一阵大风就会使动物留在沙土上的一行行脚印完全消失，或是把人的气味传送到动物那里，使动物逃之夭夭。这种情况直到 20 世纪中叶才有了根本性的改变。

　　20 世纪 60 年代初，美国明尼苏达州塞克里克野外观测站的威廉·科克伦和 K·洛德公布了第一台适用于监测野生动物无线电发射机的线路图。从那以后，人们不仅很容易地就可知道动物在哪里，而且还可在一定程度上知道它们在那里干什么，和谁在一起。伦敦动物园的哺乳动物管理员布赖恩·伯特龙曾给豹子带上了一个带有无线电发射机的颈圈，他可以随时地知道它的行踪，对它进行长期观察，而不必紧紧盯在它的后面，同时也就减少了"吓走"它的危险。

　　无线电跟踪技术的出现，革新了野外研究，有可能解决一大批生物学方面的悬而未决的问题。不仅如此，随着无线电跟踪技术的发展，又出现了生物遥测技术。无线电跟踪技术只能使生物学家知道动物在哪儿，而生物遥测技术却能把仪表测得的各种信息传送到生物学家手中。这些信息包括动物的行为和生理状态、动物所处的环境条件等。

电子显微镜

电子显微镜(简称"电镜")是人类探索微观世界奥秘的重要工具。通过电子显微镜,人们能观察到致病的病毒只有几十埃(一埃等于一亿分之一厘米)到几埃大小的物体的内部结构,从而把人们的视野带到了原子的微观世界。

电子显微镜的分辨本领,现在最高已达到2~3埃,和原子的大小相当,精度比光学显微镜高几百倍,能看到肉眼看不到的东西。电子显微镜的放大倍数可达50万倍左右。在这样的放大倍数下,一根头发丝就能放大到一座礼堂那么大了。倘若再增加一个放大透镜,就可以达到80万倍、100万倍。

通常所说的电子显微镜指的是透射式电子显微镜,它是仿照光学显微镜发展起来的。透射式电子显微镜是利用穿透式的电子束成像的。被观察的物体要做成厚度不超过110微米的超薄样片,电子才能穿过。但是,这样薄的金属样片的性质,由于受到上、下两个表面的影响,有的已经发生变化,不再能代表它们的自然状态了。为此,样片应

该厚到几个微米。而要穿透厚几微米的样片,就需要更高的电压来产生速度更高的电子束。比一般10伏加速电压更高的电镜叫作高压或超高压电镜。这种超高压电镜,除了能观察厚试样外,还有对试样损伤小,可以达到更高的分辨率等优点。

扫描电子显微镜

人们利用透射式电镜虽然看到了如此微小的细部，但是世界上的物质却是形形色色，千差万别。像羊毛这样的东西，如果也要做成薄片来观察的话，那就面目全非了。人们发现把一束聚焦得极细的电子束，在试样表面上来回移动扫描，利用散射回来的二次电子作为信号，便能把式样表面凹凸不平的形状逐点逐行地在显像管的荧光屏上显示出来。用这种原理制成的电子显微镜叫作"扫描电子显微镜"。它的分辨能力一般是 70～100 埃，虽然它的放大倍数不像透射式电子显微镜那么高，但是可以直接观察较大、较厚的物体，譬如直径大到 15 毫米、厚 10 毫米，或者更大的都可以，而且还能让这么大的实物试样做上下、前后、左右、倾斜和旋转运动，以便从各个角度来仔细观察。扫描电子显微镜的放大倍数还能方便地从一二十倍增大到 20 万倍，这样既可对感兴趣的细节仔细研究，又可看到全貌，知道这些细节在整个物体中的部位，更有利于对物体有一个全面的了解。现在扫描电子显微镜在解决科学技术中各种各样的实际问题方面已发挥了重大作用。例如，它可以用来直接观察从田间采集来的麦穗，以便监视它的生长情况；检查半导体集成电路的各个工艺流程，为提高成品率提供依据；也可以研究合成纤维的催化剂的表面状态，以寻找增加催化作用的途径等。

全息照相

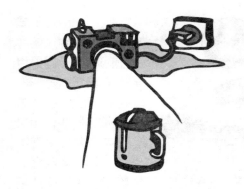

20 世纪 70 年代末期，美国的一家珠宝商店采用激光全息照相技术，拍摄了钻石、珍珠、翡翠等珠宝玉器照片，放在橱窗里。入夜，橱窗里色彩斑斓，琳琅满目，宛如陈列着真的珠宝一般，吸引了大批顾客。不料这些虚幻的"珠宝"竟招来了一伙强盗，他们破窗而入，妄图夺走珠宝。哪知打碎玻璃后，灯光灭了，激光照片黯然失色，那些逼真的"珠宝"也就"不翼而飞了"。

原来，激光全息照相能使被摄物体活灵灵地显现出来，达到真假难辨的程度。

普通的照片虽有明暗之分，但很呆板，立体感极差。而激光全息照相，不仅可以保存光波振幅的变化，而且可以保存光波相应的变化。这光波照射到物体上时，物体对光波产生反射，全息照相可"照"下寓于光波中的物体全部信息，所以能够原原本本地重现物体的面貌。激光照片的存贮容量也极高，可将大量资料文献微缩贮存。据报道，美国一家图书馆的上千万册图书，只需 4 卷激光全息胶卷便可全部贮完。

正因为如此，激光全息照相技术获得了广泛的应用。如文化生活中的立体电视、立体电影，工业上的投影光刻、无损探伤，军事上的侦察、监视，考古学中对易腐易坏无损记录、复制等，都用得上激光全息照相技术。

电子冷冻

　　在医院里,可以利用电子冷却器降温治病。利用低温,可以杀死不断增生的带病细胞,治疗皮肤癌、疙瘩瘤、足跖瘊、疣子,也可以治疗疮疖等。

　　这种方法是怎样发现的呢?那是在 1821 年,德国科学家塞贝克把两根不同材料的金属导线焊接在一起,再把导线的另外两端连接成回路,在加热金属焊接点的时候,发现了回路里有电流流过。由于受热的焊接点和导线的另外一头有温度差,而电流又是因此而产生的,所以这种现象叫作"温差电现象"。

　　到了 1834 年,法国的钟表匠珀耳帖做了一个恰恰相反的试验。他把铜线的两头各接在一根铋丝上,再把两根铋丝分别接在直流电源的正负两极上,让电流通过这两种不同金属导线接成的回路。结果发现铜和铋的两个接头,一头是热的,一头是冷的。热的一头,可以放出很多热量,冷的一头,能够吸收很多热量。利用冷的一头吸热降温,这就是"电子冷冻"。

　　根据同样的道理,采用两种不同的半导体材料,能够制成半导体温差电制冷器。这种制冷器,还能够一级级联合起来,逐级降温。一级制冷可以达到 −50℃左右,二级制冷可以达到 −80℃左右, 三级制冷可以达到 −100℃左右。有一种用铋—锑合金做材料的制冷器, 可以冷却到 −217℃。

电子快门

　　快门是照相机控制胶片曝光时间的重要部件。它分为两大类，即机械式快门和电子快门。机械式快门无论是中心快门还是焦平面快门，都是通过齿轮调节或变更帘幕间隙来控制速度和变更秒速的。电子快门则是利用电磁铁的吸引力来控制快门速度，故称作电子快门。许多能自动曝光的照相机都是采用这种快门的。电子快门与机械快门比较，电子快门的速度比较准确，操作较为灵便。

　　电子快门用 RC 延时电路、执行元件(例如电磁铁、触点等)和调时电路分别取代了机械快门中的机械阻尼延时系统、机械控制机构和快门时间的机械调节机构。而遮挡光路的元件仍与机械快门一样，为快门叶片或帘幕及钢片。电子快门的启动一般仍由动力弹簧的弹力控制。而该弹簧的弹力是摄影者手动上弦时存储的。快门的最短一档快门时间仍由弹簧动力和遮挡光路元件(如快门叶片)的运动特性等共同决定。RC 延时电路的作用与机械式阻尼延时系统的作用一样，只是将上述最短快门时间加以延长，以构成长短不同的各档快门时间而已。个别照相机采用了全电子快门，此类快门的启动由微型线性电动机控制。该电动机由永久磁铁、软铁芯棒和绕在轻质塑料套管上的一对绕法相反的线圈所构成。由两线圈分别控制快门的开启与闭合。